TOP 100 STEP-BY-STEP
NAPKIN FOLDS

玩美;
餐巾装饰

—— 源自欧洲的餐巾装饰时尚 ————

[加] 德尼斯·维瓦尔 著
Denise Vivaldo

青岛出版社
QINGDAO PUBLISHING HOUSE
国家一级出版社
全国百佳图书出版单位

感 谢

从小到大,我的妈妈都很喜欢摆设餐桌。陶瓷、花、亚麻装饰品不需要用于特殊的场合,在我们家,精致的餐桌就是日常生活的一部分。谢谢您,妈妈,您教会了我欣赏美好的事物,给予了我您那使客人们感到快乐和舒服的天分。您对这本书的贡献和我一样多。

撰写并完成这本书是团队共同努力的结果。我很感激能与这么多有才华的人共事,否则,我不可能完成这本书。对我来说,出书过程中最棒的两天就是我签约的那天和将第一本印刷好的书拿在我滚烫的、渴望的手中的那天。剩余的那些日子是挫败、欢喜和疲惫的混合体。我将写书看作养育孩子。我最喜欢小孩清洗干净、安静睡觉的时刻。

如果没有我的朋友乔恩·爱德华,一名有才华的慷慨的摄影师,就不会有这本书。乔恩不仅拍摄了书中的大部分图片,并且在6个月的时间里亲自与出版商合作,传了约2000张图片。他从来没有说过"不,德尼斯,我今天不能帮你了",即使他发现我们用无数的餐巾和道具将他工作室的门遮黑,他也没这么说。乔恩工作室的同事汉泽·文特,本身也是一名优秀的摄影师,在很多方面帮助了我们,在此一并表示深深的感谢。

你们在分步叠法的照片中看到的灵活而富有才能的手属于世界上最好的手模特(同时也是待遇最低的)辛迪·弗兰尼根和詹妮弗·帕克。辛迪小姐的昵称是"忙碌的双手",没有她不能折的餐巾。书中的许多叠法来自辛迪的创意或重新设计。让她坐下,在她面前放下一叠餐巾,她会无法自控地折起来。我折叠餐巾的经验来自于投身多年餐饮业,在这行你可以在两分钟以内教会一个服务生折餐巾。我亲爱的助手詹妮弗·帕克可以设计更多更复杂的叠法。她还很年轻,也很敏捷!你们两位富有经验的女士明白的,没有你们,这本书就不可能出版。

对于每一个与罗伯特·露西联系过的人,我希望你们能像我一样喜欢这段经历。谢谢!

丽萨·埃克斯,你和你的团队太棒了!一直有人催促我寻找更好的朋友和代理人。丽萨,谢谢你能够忍受我一直以来的抱怨,我都忘了我是多么幸运的人了!我应该给自己设计一个"封口折叠"。

谢谢马萨·霍普新给我不断的支持和难以置信的帮助。即使船要沉了,她还是会幽默地提出她的建议。我很遗憾当时在泰坦尼克号船长身边的是一支乐队而不是马萨。

劳拉·迈恩、克里斯汀·格林·温瓦若和曼迪·昂鲁,请不要换手机号。马萨、辛迪和我需要你们三个!

放在最后的人并非不重要,我要感谢我的丈夫肯·迈耶,当我忙于餐巾折叠的设计而无暇准备晚饭时,他依然对餐巾欣赏有加。就像他说的,餐巾总是会带给他希望。

——德尼斯·维瓦尔

简　介

不是每个人都知道完美地折叠餐巾的技巧，当然，有了这本书，你就可以轻松快捷地教会你自己。尽管餐巾折叠能够带给你的餐桌优雅、创意或复古的感觉，但除了正方形的餐巾以外，其他的餐巾叠法对于家庭宴会来说从来都不是一件轻松的事情。餐巾折叠能够将你的餐桌提升到另一个层次并且无需任何额外费用——你可以将餐巾放在桌子上的任何地方，并且你马上就可以学习到很多种新颖的展示方法。

餐巾在餐桌上的用途不仅仅是餐垫、花瓶或食品袋。无论你选择哪种叠法，无论将它放在孩子的生日聚会或是精致的成年人派对上——结果都会使你的派对更加令人难以忘怀。就像是手写的感谢信一样，

餐巾折叠或许不像以前那么常见，但是它们会一直被关注、欣赏，并永远那么时尚。

在这本书中，我们将这 100 种分步餐巾叠法分成初级、中级和高级，你可以选择从任意一种开始做起并学习更高级别的叠法。记住，简单的有时反而是更好的。最正式的叠法事实上往往相对简单。当你用餐巾折叠一些繁琐的样式和设计时，简单的叠法会显示自己的优势。

虽然明快简洁的线条对于成功的餐巾折叠非常重要，但是请记住，那是餐巾，不是永久性装置。当你的客人落座，餐巾会被打开放在膝盖上，因此，餐巾的折叠不需要像建筑那样完美，只要看起来令人开心并有一定的艺术美感即可。

不同的主题晚宴
需要特别的餐巾设计

　　用设计精美折叠巧妙的餐巾展示你的餐桌，使你的客人能够分享晚宴的主题，可以优雅或是随意，欢乐或是浪漫，复古或是时髦。餐巾的折叠使每种场合和晚宴主题更加令人难忘并充满乐趣。这里是一些使你的餐桌摆放看起来更加完美的餐巾折叠方法，当然，在特别的场合更有特别的意义。

妈妈的生日

教皇帽（第 84 页）

心（第 152 页）

花束（第 36 页）

热带（第 226 页）

南方风情

香草瓶（第 154 页）

花（第 148 页）

盾（第 96 页）

双角（第 120 页）

巴萨庆典

二重奏（第 60 页）

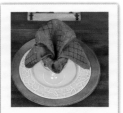
兰花 2（第 220 页）

鱼（第 146 页）

楼梯（第 180 页）

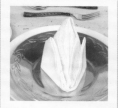

希腊集锦

标准型（第 106 页）

餐巾环卷（第 88 页）

风车（第 170 页）

高塔（第 156 页）

德国盛宴

月神蛾（第 218 页）

飞翔的小鸟
（第 32 页）

双头鱼
（第 190 页）

展现（第 176 页）

香槟鱼子酱宴会

孔雀（第 168 页）

双尾（第 122 页）

手拿包（第 46 页）

太平洋西北海岸

蛤壳（第 210 页）

帆船（第 94 页）

波浪（第 194 页）

中国宴会

领结（第 40 页）

折扇（第 54 页）

幸运饼干（第 66 页）

扇子（第 62 页）

土耳其暮色

二重奏（第 60 页）

兰花 2（第 220 页）

楼梯（第 180 页）

教皇帽（第 84 页）

墨西哥圣日

小毛驴（第 44 页）

鹦鹉（第 166 页）

褶状（第 80 页）

夏威夷式宴会

夏威夷衬衫
（第 204 页）

天堂鸟（第 208 页）

简约紧凑
（第 102 页）

朋友聚会之夜

花束（第 36 页）

自助餐卷（第 42 页）

奥斯卡之夜

手拿包（第 46 页）

无尾晚礼服
（第 188 页）

超级碗派对

茶杯围巾（第 50 页）

自助餐卷（第 42 页）

西部乡村舞会

流浪汉背包
（第 70 页）

口袋（第 82 页）

红酒奶酪品尝会

花瓶（第 124 页）

三层叠（第 186 页）

百合（第 150 页）

邻居聚会

餐巾环卷（第 88 页）

口袋（第 82 页）

自助餐卷（第 42 页）

野餐盒午餐

拴系（第 112 页）

标准型（第 106 页）

小朋友寻宝

餐垫（第 78 页）

束口袋（第 74 页）

公园早午餐

简单直立（第 98 页）

鸟巢（第 34 页）

对角线（第 138 页）

披肩（第 178 页）

衬垫（第 72 页）

目录
contents

1 餐巾装饰必修课

2 初级餐巾叠法

3 中级餐巾叠法

4 高级餐巾叠法

餐巾
装饰必修课

1

为什么要花时间折叠餐巾呢？餐桌上搭配用心折叠的餐巾会使你的客人感受到主人的特别之处。餐巾折叠会增加你的餐桌的时尚度，同时也会唤起客人对于另一方面的品味——当关注细节多于关注便捷的时候。作为一名具备多年经验的专业餐饮师和食品造型师，我的工作就是关注那些小细节带来的大不同。但是，并不是说在你家里就不能关注细节。当看到餐巾折叠的潮流来了又去时，我不愿看到餐巾折叠成为一种逝去的艺术。花一两个小时看看这本书，你可以很轻松地学会很多餐巾的折叠方法，它将帮助你创建一个永远都优雅、复古或是时尚的餐桌。如果你认为餐巾折叠仅为游轮而准备，那么你可以考虑在自己的餐桌上添加一块有艺术美感的折叠餐巾。这样，既能取悦你的客人，又没有任何额外费用，还可以减少纸巾的使用，使你的宴会更加环保。为了时尚，尝试一下吧！

◤选择正确的餐巾

刚开始的时候，你只需要一套布质餐巾，或许你已经有了。如果没有，请买一套经济实惠的。浅色、素净的中等厚度的棉布餐巾比较通用和时尚。如果你觉得它们太普通了，请记住当你的亚麻布餐巾非常精致时，藏入其中的鲜花、贺卡或包装精美的糖果会为你的餐桌增添色彩和时尚感。当然，餐巾环、彩色丝带或流苏也可以达到同样的效果。

◤面料

布质餐巾可以为你的餐桌增加豪华的质感，比餐巾纸更加优雅和有吸附性，因此你可以重复使用多年甚至几十年，非常环保。但是，并非所有的面料都是一样的：餐巾的面料可谓多种多样，从纯亚麻、棉、涤纶到试图将每种面料最有优势的方面混合在一起的混纺。在购买餐巾之前，考虑一下不同面料在手中和脸上所给你的不同感受，它们跟你的餐具搭配会是什么效果，它们需要如何折叠。

面料不同，厚度也不尽相同，从很薄到很厚，某种厚度对于某种特定的餐巾折叠表现会更有效果。比较厚的餐巾用比较简单的叠法会显得比较饱满，比较复杂的叠法使用比较薄的餐巾效果会更好，使得多层次的折叠看起来不会显得太笨重。书中的 100 种餐巾叠法中的每一种都标明了最佳面料厚度，因此如果你已经想好要使用某种叠法，请去买那种能够达到最佳效果的餐巾。

1. 亚麻

尽管一套雪白的亚麻餐巾,尤其是花押字图案在过去最适用于社交礼仪上的优雅宴请,但亚麻餐巾通常也是最贵的,且需要熨烫。亚麻由亚麻纤维制成,比棉花的纤维更坚韧。它是一种精炼的、优雅的凉爽面料,非常耐用;经过一段时间的使用和反复洗涤,会变得更加柔软。尽管亚麻因为容易起皱而声名狼藉,但它熨烫后恢复的明快凉爽的料质是棉布和涤纶连做梦都不敢想的。如果你很幸运地拥有一套亚麻餐巾,无论是新的还是传承下来的,都可以用它们为你的特别聚会增加一分优雅。

2. 棉布

兼具吸附性、经济性和柔软度,纯棉餐巾可能是家庭宴会最流行的选择。尽管在商业场合棉质餐巾需要熨烫,但是在家庭中,把它们从烘干机中拿出来,不需要熨烫,直接折叠就很好看。棉质餐巾随处可见——无论是在打折店还是在高端的零售商店均有售。颜色和样式多样,从非常优雅的到非常随意的,从薄的到厚的应有尽有。记住,颜色较深的棉布在多次洗涤后会慢慢褪色,所以应从素净的浅色入手。

3. 涤纶

比起天然纤维面料,涤纶没有那么好的吸附性,也没有那么奢华,涤纶餐巾给人一种习以为常的用餐体验。涤纶的手感比棉布或亚麻要硬一些,也就是说,涤纶不需要熨烫,它们不会褪色或染色,而且价格低廉。一些涤纶面料太软而不容易定型,因此不适用于某些餐巾叠法,尤其是需要直立的设计造型。

日常餐巾

有些家庭每天都在使用餐巾,他们如此认真地为环保事业作出贡献,以至于也将餐巾装在孩子们的午餐盒里。任何棉质餐巾都能够胜任这种用途,不过午餐盒是最容易把你自己收藏的和那些在家庭用品商店里销售的餐巾弄混的地方,因此不要使用太特别的餐巾,因为很容易丢失。

4. 混纺

在购买餐巾的时候，你会发现亚麻—棉混纺和棉—涤纶混纺面料，这些面料充分利用每种成分的特性，不易褪色，质地优良，经济实惠还极易护理。为了使混纺面料处于最佳状态，清洗和熨烫时请仔细阅读护理手册。

5. 其他面料

餐巾可以由任何面料制成。麻布也是一个良好的选择，它类似亚麻，是一种坚韧的天然纤维，可以机洗。你也会发现真丝餐巾适合一些餐巾的叠法，并为你的餐桌带来特殊的光彩。

◤ 颜色、款式和点缀

尽管明快洁白的亚麻或棉布餐巾最适合正式场合的餐巾摆放，但是某些款式和颜色可以使某些正式场合看起来不显得那么沉闷，为你的餐桌带来视觉上的美感，使餐巾折叠更具现代感。大多数人会追求餐巾摆放的匹配，但各种各样类似款式的餐巾看起来会更有趣，如较大规模的聚会可以使用两种或两种以上交替的纯色餐巾。一些主人会在同一位置摆放两种不同的餐巾，使餐桌看起来更有活力。

当你购买餐巾的时候，除了注意面料、颜色和款式外，还需要查看餐巾的构造以确定它们的质量及在餐桌上适合的位置。

做出你自己精心点缀的餐巾

你已经厌烦了一套毫无特色的餐巾？缝纫机会快速地为你的餐巾增添装饰，罗纹缎带、多彩的荷叶边或是彩球装饰将彻底改变餐巾的旧貌。在开工之前一定要先清洗辅料和餐巾，因为不同的面料会产生不同程度的缩水。虽然很浪费时间，但刺绣也是一种很好的装饰。

无需针线就想使你的餐巾增加特色？可以试一试纺织颜料笔，它对棉布或涤纶效果很好。这些永久性的纺织颜料笔无需使用机器或模板印刷就可以为餐巾的边缘或是通体加上主题，使餐巾看起来立刻神采奕奕。你觉得还不够有创造性？再加上字：引用的短语、诗歌、星座详解和幸运饼干风格的箴言。选择你喜欢的颜色将箴言写在餐巾边缘。首先在纸上试一下，确认你所想要写的位置。

1. 包边餐巾

大多数棉布餐巾和亚麻餐巾已经包边，边缘折起并且缝合得很优雅。一些涤纶餐巾只有简单的毛边，面料边缘用线简单缝制以防磨损。包边比毛边看起来更高级。

2. 装饰花边餐巾

一些最迷人的古老亚麻餐巾点缀着手工编织品或蕾丝花边。即使一块带有手工编织点缀的手绢也可以对折成四分之一，用作鸡尾酒餐巾。你也会发现一些现代餐巾也带有装饰花边，包括流苏或串珠饰边。一些餐巾的叠法（如简约风，第100页）比其他款式更适合装饰花边餐巾，因此应选择最适合装饰花边餐巾的叠法。

3. 抽丝花边餐巾

通常为亚麻或麻布面料，抽丝花边餐巾的特点是餐巾的主体加一条宽大而精致的几何图形缝边。抽丝花边亚麻餐巾通常是素色的，具有优雅的经典外观。我们经常可以在零售店找到抽丝花边餐巾。

4. 花缎餐巾

尽管餐巾可以由亚麻、棉布、丝绸、人造丝甚至是涤纶制成，但花缎餐巾是由其自身面料编织样式来决定的。在平滑的背景布上用缎料编织，通常使用相同的颜色，只以织物的光泽体现同色系的设计。花缎餐巾的外观非常正式，它们的花纹通常是复杂的植物主题。

5. 花押字餐巾

花押字餐巾会给你的餐桌带来复古式的优雅。尽管一套白色的亚麻餐巾配上白色花押字在过去是一种时尚，但除非慷慨地作为婚礼礼物，否则这样的餐巾在如今的家居生活（除了在美国南方）中已经不常见了。如果你继承了你祖母的餐巾，或是恰好参加了一个复古宴会，可以使用它们，不管餐巾上面是否是你名字的首字母一古老的亚麻通常非常柔软，为你的餐桌增添优雅。一些餐巾叠法可以更好地凸显花押字，如角上有花押字的餐巾可采用双角（第120页）叠法。

◤尺寸

完全对称的正方形最适合餐巾折叠。卖家很可能已经注意到了这一点，因此大部分布质餐巾都是正方形，但不是所有的布质餐巾都是统一的尺寸。事实上，这方面好像没有一个全球统一的标准。通常情况下，用餐规模越大，餐巾越大。本书中使用的餐巾大部分是边长至少为 50 厘米的正方形。

1. 鸡尾酒餐巾尺寸

鸡尾酒餐巾一般为 15~33 厘米的正方形，可以平铺作为杯垫，也可以折叠作为餐巾。尺寸比较小的鸡尾酒餐巾一般不用折叠，可以垫在鸡尾酒杯下，作为纸质鸡尾酒餐巾外的另一种优雅选择。

2. 午宴餐巾尺寸

比鸡尾酒餐巾大，比晚宴餐巾小，午宴餐巾的尺寸为 30~50 厘米，这种尺寸大小的餐巾作为晚宴餐巾也是可以的。午宴餐巾已经足够应付一些叠法，但是尺寸比较小的午宴餐巾不太适合较复杂的叠法。

3. 晚宴餐巾尺寸

最大的餐巾，适用于任何餐巾折叠方法，除了用于晚宴，也可以用在早午宴或是午宴。晚宴餐巾通常为 50~60 厘米的正方形，复古的亚麻餐巾和定制的餐巾可能会更大一些。

4. 纸质餐巾尺寸

大多数情况下，布质餐巾要比纸质餐巾更好一些。布质餐巾的吸附性更好，更环保也更优雅。但也有很多时候，纸质餐巾的方便性会成为你的第一选择。纸质餐巾有无数种颜色和样式可供选择，还可以印成个性的版本，在婚礼、纪念日或是聚会这类重要的场合可以给人们留下深刻的印象。

● **纸质鸡尾酒或饮料餐巾** 通常为 13 厘米左右的正方形—未折叠时约为 25 厘米。这类餐巾已经很小了，最好不加折叠地垫在饮料杯下面。

● **纸质午宴餐巾** 大多数是 15~17 厘米的正方形—未折叠时约为 33 厘米。请记住，一旦折叠，纸质餐巾就会留下折痕，因此在叠你要摆在桌子上的餐巾之前，在同样的纸质餐巾上多练习几次。从叠成小正方形开始的餐巾折叠造型，如盾（第 96 页）或是天堂鸟（第 208 页），对于纸质餐巾来说是不错的选择，因为它们永久性的折痕不会影响最终的造型。

● **纸质晚宴餐巾** 通常为长方形，折后约 22 厘米 × 11 厘米。长方形的纸巾不太适用于本书中的大部分餐巾折叠方法。在销售时，一些纸质餐巾是摆成正方形的，应仔细阅读说明书，确定其打开后是正方形还是长方形。另一种选择是，可以用折叠起来的纸质晚宴餐巾卷起扁平的餐具并系上丝带，快速做出自助餐卷。

●**纸质客人擦手巾** 在尺寸上与纸质晚宴餐巾类似，但它们更厚一些，适合擦手。事实上，在洗手间里，纸质擦手巾比布质擦手巾更好用一些：在一些较大规模的聚会上，布质擦手巾要反复使用好几次，纸质擦手巾会是更干净的选择。摆放在客用洗手间中的纸质擦手巾会显得很优雅。印刷单独首字母的纸质擦手巾，类似花押字亚麻餐巾优雅的抬头。

◣餐巾环

每天使用布质餐巾是为了节省树木资源？为了不每天洗餐巾，节约水和时间？投资购买一些餐巾环就可以向这个方向迈进一大步。最初设计银质花押字餐巾环的目的是为了区分每个家庭成员的餐巾，可以重复使用，避免每天繁重的洗涤工作。如果现实生活中你是忙碌的上班族，可以考虑为你的家庭购买一套个性的餐巾环。

如何在餐桌上摆放餐巾

回到正式宴请盛行的时代，你会发现在餐桌上摆放布质餐巾的最佳位置是在叉子的左侧或是每位客人的盘子上面。现在好像什么方式都可以，取决于你选择的餐巾叠法，可以放在红酒杯或水杯里，可以挂在椅子背上，也可以塞在碗里或是裹在银器的外面。只要每位客人都能轻松地拿到他或她的餐巾，方便地使用（请不要使用双结丝带），那就可以了。

　　尽管银质花押字餐巾环非常经典，但如果它不太适合你的生活风格，也没有必要非得用它。一些工艺品店销售半成品的木餐巾环，可以上漆使其个性化。成品木质餐巾环也可以在一些店里买到，很简单就可以使其个性化：使用模板印刷花押字风格的首字母图案或是用油彩笔徒手装饰。如果你不是很有艺术天赋，那么就寻找一些样式不同、可以轻松地彼此区分的餐巾环，让每个家庭成员都挑选一个，也给来你家过夜的客人多准备几个。

　　对于晚宴派对，选择一套外观统一、相同样式的餐巾环，配合特定的餐巾叠法，如太阳伞（第76页），会比较有帮助。你可以选择经典的金属环或是装饰环，或者可以用拉菲草、纱线或丝带系在折叠好的餐巾上，创造你自己的个性化餐巾环。

初级
餐巾叠法

2

NO.1 飞机

选择有趣的彩色面料，如我在此处使用的是生动的彩虹设计图案，与奇思妙想的聚会主题相配合，例如孩子们的飞机主题生日聚会或后院烧烤会等。这款叠法也可以给大人们落座的聚会带来酷酷的感觉。可以挑选一块时尚的纯色布质餐巾，使用压平的餐巾效果最好，如果布质不够硬，建议上浆。

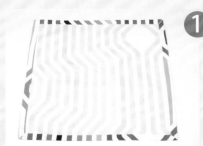

1 将餐巾平铺成正方形，表面朝下，缝边朝上。

2 将底边折向顶边，形成一个水平的长方形。

3 左手放在底边中心位置，用右手将右侧底边折叠至长方形的中心垂直线。

4 左边也这样做，将左侧底边折向中心垂直线，形成一个三角形。

左边也这样做, 将中心垂直线折回与左侧底边对齐, 形成另一个小三角形。

5 从右边的三角形开始, 将中心垂直线折回与右侧底边对齐, 形成一个小三角形。

7 一只手握住大三角形的尖角, 用另一只手轻轻提起顶边的中心位置, 使左右两边的小三角形都碰到中心垂直线。

8 将提起的部分压平, 重叠在两边的三角形上, 形成纸飞机的形状。

NO.2 野餐围嘴

一些聚会相当混乱。使用野餐围嘴或方格花纹的厨房毛巾代替餐巾来完成这种叠法,特别适合南方风格的烧烤野餐或是海鲜火锅聚会。这款叠法最好使用中等至较厚厚度的面料,如我在此处使用的是红白格围嘴。在折叠前轻轻地熨烫一下围嘴或毛巾,无需喷雾上浆。

1 将围嘴或厨房毛巾垂直平铺,系绳部分位于底部。

2 将左边折向右边至围嘴或毛巾约2/3处。

3 将右边折向左边,与左边的折边对齐。

4 将顶边折向底边对齐,将系绳部分留在底部。

⑤ 将顶边再一次折向底边，将系绳部分留在底部。

⑥ 将餐巾系绳部分置于顶部。

NO.3 比基尼

这款性感的餐巾叠法叠出的餐巾看起来像比基尼泳裤，因此是夏日鸡尾酒派对或泳池边户外烹饪的最佳选择。可以选择任何厚度、图案充满趣味和活力的面料，如我在此处使用的是多彩柑橘布片。在折叠前请先喷雾上浆并熨烫，折叠后无需压平。

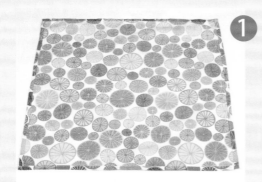

1 将餐巾平铺成正方形，表面朝下，缝边朝上。

2 将右边折向左边，形成一个垂直的长方形。

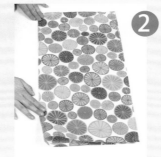

3 将右下角和左下角折向中心，在餐巾的底部形成一个角。

4 将餐巾翻转过来，尖角仍置于底部。

5 将右上角和左上角折向中心，在餐巾的顶部形成一个角。

6 将餐巾的上部折向下部，底部留出约2.5厘米。

7 将餐巾顶边向下折约5厘米，将三角形的底部盖住，在顶部形成一条带子。

NO.4 飞翔的小鸟

　　这款餐巾看起来翩然欲飞，因而得名。你可以选择任何一款餐巾：任何厚度、面料、款式和颜色。此处我选择了一款白底栗棕花的餐巾。在折叠前请先喷雾上浆并熨烫。折叠后，为了看起来更逼真，请轻压尾巴，也可保留随意的造型。

1 将餐巾平铺成正方形，表面朝下，缝边朝上。

2 将右上角折向左下角，形成三角形。

3 将右下角折向左上角，形成小三角形。

4 将最低的角折向最高的角，形成更小的三角形，将三角形的开口边放在上面。

5 将右上角折向左边至餐巾宽度 2/3 稍多一点的位置，与顶边对齐。

6 将左上角向后折到右边与左边对齐，顶端可以超过右边。

7 将顶端向餐巾下方卷起 5 厘米，使尾巴指向右上方。

8 将餐巾摆放好，尾巴置于底部。

NO.5 鸟巢

　　这款小鸟巢会给客人带来欢乐，它适合体现任何地方的小型聚会的主题。还可以在每一个鸟巢上放一只小鸟，如一只可在春季食用的棉花糖小鸡或是一只冬季装饰用的小鸟。任何厚度、颜色或样式的面料都适用于这款叠法。在此，我选择了有多色叶片图案的黄色餐巾。在折叠前请先熨烫，但无需喷雾上浆。

1 将餐巾平铺成正方形，表面朝下，缝边朝上。

2 将右下角折向左上角，形成一个三角形。

3 将左上角向下折向三角形右边的中心位置。

4 将左上边向右下边折至一半的位置。

5 将左上边再向下折向右下边，形成一条又细又长的餐巾。

6 拿起餐巾，将有折边的一面朝上。将餐巾拧三次。

7 用约一半的拧好的餐巾做成一个圆形，将两头重叠。

8 将餐巾开口的两端包裹在圆形上，将顶端塞进拧好的餐巾内，形成鸟巢。

9 将鸟巢平放在需要的位置。

NO.6 花束

这款叠法需要系一条丝带，为餐桌增添少女风情，也可以系上餐巾环。如果使用丝带，请记住每块餐巾需要一条50厘米长的丝带。任何厚度、颜色或样式的面料都适用于这款叠法。在此，我选择了洁白的带有多彩雏菊图案的餐巾，系上绿白格丝带，非常适合春天的早午餐。在折叠前压平餐巾。

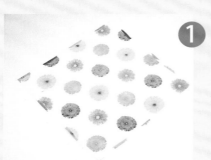

1 将餐巾平铺成菱形，表面朝下，缝边朝上。

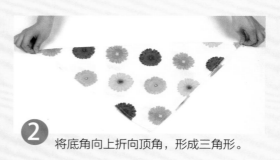

2 将底角向上折向顶角，形成三角形。

3 将左角折向顶角。

4 将右角折向顶角，形成菱形。

5 将丝带系在餐巾从底部向上约 1/4 的位置，打结系紧。

6 将丝带系成蝴蝶结。将餐巾上部层次展开形成扇面。

7 摆放餐巾，丝带置于顶部或底部。

NO.7 蝴蝶结

这款蝴蝶结最适合女士们的早午餐或午餐、婴儿洗礼、新娘送礼会或是任何你想为餐桌增添有趣的女性气息的场合。在此，我选择了柔和的黄色纯色餐巾，搭配金属餐巾环。选择任何颜色、款式与你的餐具形成对比的面料，并用相配的餐巾环或丝带固定餐巾。应选择薄至中等厚度的面料，这样折叠后不会因太厚而套不进餐巾环。在折叠前轻轻压平餐巾，但为使蝴蝶结看起来更有动感，无需上浆。

① 将餐巾平铺成菱形，表面朝下，缝边朝上。

② 将底角向上折向顶角，形成三角形。

③ 将顶角向下折，形成三角形。

④ 将底边向上折，盖过小三角形的底角。

⑤ 将顶边折向底边。

7 用左手按住底边的中心，用右手将餐巾的左角向餐巾的中心垂直线折叠5厘米，尾部指向右上方。

6 用右手将餐巾的右角向上折一个角度，向餐巾的中心垂直线折叠5厘米，尾部指向左上方。

8 用一只手捏住餐巾中心，另一只手拿住餐巾环。

9 将餐巾环滑向餐巾的中心位置。

10 按照需要整理蝴蝶结和尾部。将蝴蝶结翻过来放在盘子上。

NO.8 领结

这款叠法有着简洁而光鲜的外形，搭配使用餐巾环或是丝带最为合适。任何厚度、颜色或样式的面料都适用于这款叠法。在此，我选择了带有紫色条纹的棕色餐巾。应避免使用太厚的餐巾，因为多层的折叠会使餐巾很难穿过餐巾环。在折叠前请先喷雾上浆并熨烫。如果就餐需要使用筷子，可将筷子穿入叠好的餐巾和餐巾环中间。

1 将餐巾平铺成正方形，表面朝下，缝边朝上。

2 将底边向上折向餐巾的中心水平线。

3 将顶边向下折向餐巾的中心水平线。

4 将右边折向餐巾的中心垂直线并稍越过中心线。

5 将左边折向餐巾的中心垂直线并稍越过中心线。

6 将底边向上折约 5 厘米。

7 将顶边向下折约 5 厘米。

8 将餐巾翻转过来,保持长边水平。将顶边和底边的中心捏在一起形成一个蝴蝶结。

9 将餐巾环滑到蝴蝶结的中心固定。

10 如果需要使用筷子,将筷子穿入餐巾环和蝴蝶结的中间。将叠好的领结垂直摆放在需要的位置,适当调整两边。

NO.9 自助餐卷

这款自助餐卷是将餐具和餐巾结合在一起的最方便的方法，可以使客人方便地拿到在自助餐中需要的一切。任何厚度、颜色或样式的面料都适用于这款叠法，但需要注意餐巾的两面在折叠完成后都露在外面，因此可以选择两面都比较有吸引力的面料，如我在此处使用的是米黄色餐巾。在折叠前请先喷雾上浆并熨烫，折叠完成后用丝带系紧，确保餐具固定在适合的位置。每块餐巾需要一条50厘米长的丝带。

1 将餐巾平铺成正方形，表面朝下，缝边朝上。

2 将右下角向上折到距餐巾中心的一半位置。

3 将顶边向下折向底边，形成一个水平的长方形。

4 将左边折向右边，形成一个正方形。

5 将左上角和右上角折向中心。

6 将左下角折向中心。

7 将右上边向下折向左下边至遮住尖角。

8 将左下边折向右上边。

9 将餐巾翻转过来，将尖角置于顶部。

10 将扁平的餐具滑入口袋，餐巾用丝带系紧固定。

NO.10 小毛驴

　　这款引人注目的叠法需要两条大小稍微不同的餐巾——每人两条餐巾可以应对混乱的餐会（如墨西哥铁板烧派对）。选择薄至中等厚度的面料，颜色要鲜明欢快。在此，我选择了一条橙色餐巾和一条稍大一点的带流苏的绿色餐巾，并将成品放在啤酒杯中，让餐巾的两头伸出，就像小毛驴的两只耳朵。你也可以用麻线或丝带将餐巾底部系住，将它放在每个盘子里。这款叠法最好使用没有上浆的餐巾。

① 将较小的餐巾平铺成正方形，表面朝下，缝边朝上。上面铺上较大的餐巾，与第一个正方形的中心对齐，平铺成正方形，表面朝下，缝边朝上。

② 将餐巾旋转一下，平铺成菱形。将底角折向餐巾的中心。

③ 从菱形的底边开始，将餐巾卷起来直到顶端。

4 准备好一个啤酒杯，从中心拿起餐巾。

5 将餐巾对折，将折叠的最底端放进啤酒杯。

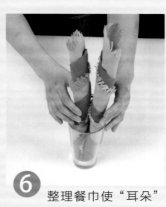

6 整理餐巾使"耳朵"向上。

NO.11 手拿包

　　在这款时尚的手拿包造型中，最好使用女性化图案的中等至较厚厚度的面料，如我在此处使用的是绿色和象牙色的花朵和藤条图案餐巾。用珍珠、纽扣或是其他装饰物来装饰折叠好的造型，用以模仿关闭的手拿包。如需改变造型，可大胆地使用纯色面料折叠出一个信封，用贴纸或是锡箔封口。在折叠前请先喷雾上浆并熨烫，折叠后不需要整理，保留随意的造型，或轻轻压平展现鲜明的线条。

1 将餐巾平铺成正方形，表面朝下，缝边朝上。

2 将左边折向餐巾的中心垂直线。

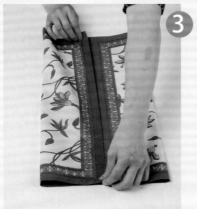

3 将右边折向餐巾的中心垂直线。

4 将顶边向下折向餐巾的中心水平线。

⑤ 将底边向上折向餐巾的中心水平线。

⑥ 将左下角和右下角折向底边的中心，形成一个尖角。

⑦ 将尖角顶部折下，然后整个折向餐巾的上部，形成手拿包的形状。

⑧ 在手拿包闭口的位置摆放珍珠、纽扣或其他装饰物。

NO.12 皇冠

　　这款皇冠造型的叠法适合庆祝国王或王后的纪念日，因此可以选择王室的代表色，如我在此处使用的是大红色，也可以为公主准备薰衣草色或粉色。这款叠法最好使用中等至较厚厚度的面料，在折叠前请先喷雾上浆并熨烫，因为造型需要直立（虽然也可以放平）。为了更加有趣，可以在餐巾底下放一个特别的礼物给客人惊喜。

1 将餐巾平铺成正方形，表面朝下，缝边朝上。

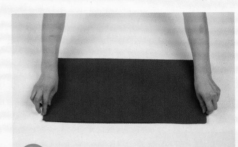

2 将底边折向顶边，形成一个水平的长方形。

3 将右边向下折向底边。

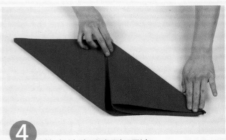

4 将左边向上折向顶边。

5 将餐巾翻转过来水平放置。

6 将底边向上折向顶边，留下一个小三角形悬在左下边。

7 将餐巾翻转过来，使小三角形尖角始终保持向下，但是现在位于右边。将左侧顶层的小三角形向下折，与右侧尖角对齐。将左角折向右角，至餐巾宽度的 2/3 处，插入餐巾第一层下面。

8 将餐巾再次翻转过来，尖角始终保持向下。将左角折向右角，插入餐巾第一层的下面。

9 放平或将皇冠直立，轻推边缘，使皇冠打开呈圆形。

NO.13 茶杯围巾

这款叠法配合热汤使用最为合适，也可以用来包超大杯的拿铁。它可以担当碗或是马克杯的保温罩，赋予其更多造型的同时也能保护手不被烫伤。任何厚度、颜色或样式的面料都适用于这款叠法，因此选择适合的餐巾即可。在此，我选择了蓝白水果图案的餐巾。在折叠前请先喷雾上浆并熨烫。

1 将餐巾平铺成正方形，表面朝下，缝边朝上。

2 将左上角向下折向右下角，形成三角形。

3 将左上边折向右下边，形成一条约5厘米宽的宽边。

4 将这条边包在碗或咖啡马克杯周围，如果有把手，穿过把手。

5 将两个角在碗或杯子周围系起，
形成一个结实的结。

6 按需摆放三角形的围巾。

NO.14 钻石

由于餐巾的两面在折叠完成后都露在外面，因此要使用双面交织面料，如我在此处使用的带有浅色条纹的黑色餐巾最适合这款钻石造型的叠法。任何厚度、颜色或样式的面料都适用于这款叠法。在折叠前请先喷雾上浆并熨烫，折叠后轻轻压平使其看起来更平整，或保留随意的造型。

1 将餐巾平铺成正方形，表面朝下，缝边朝上。

2 将底边向上折向顶边，形成一个水平的长方形。

3 将右边折向左边，形成正方形。

4 将最上层的左上角向下折向右下角，形成一个对角线平分的正方形。

5 将下一层的左上角向下折向餐巾的中心，在餐巾的左上象限形成一个小三角形。

6 将上层的右下角折向餐巾的中心，在餐巾的右下象限形成一个三角形。

7 将剩下的底层的右下角卷起折到餐巾下，边缘与最上层对齐。

8 将剩下的底层的左上角卷起折到餐巾下，边缘与最上层对齐。将餐巾水平放在桌子上。

NO.15 折扇

这款叠法最后需要加上绳子或餐巾环才能完成，这也是另一个配合你的聚会主题的机会。在此，我选用拉菲草和沙海胆壳系住我的折扇，但是你可以使用任何装饰用丝带或纱线，也可以用喜欢的东西或一些小装饰物来装饰。使用中等至较厚厚度的面料，任何颜色及款式皆可。在此，我选择了带黑色花纹的棕色餐巾。在折叠前请先喷雾上浆并熨烫，准备好绳子或餐巾环。如果系结，使用 30 厘米长的丝带，如果要系蝴蝶结，使用 50 厘米长的丝带。

1 将餐巾平铺成正方形，表面朝下，缝边朝上。

2 将底边向上折向餐巾的中心水平线。

3 将顶边向下折向餐巾的中心水平线。

4 将左边向右折，形成一条垂直的宽边，约 4 厘米宽。

5 将宽边向下折，与左边对齐。

6 将宽边向前翻折，与左边对齐。

7 继续按这样的方法折叠，像折手风琴一样，一直折到餐巾的右边。

8 将餐巾翻转，使褶皱向上，用绳子、丝带或餐巾环固定中心。

9 将折叠好的餐巾两边展开，形成两个扇面。

NO.16 对折的正方形

　　这款简易叠法适用于任何场合和任何厚度的面料。在此，我选择了一款传统的象牙色和深红图案的餐巾，你也可以选择纯色、有图案的或是条纹餐巾。在折叠前请先喷雾上浆并熨烫，折叠后轻轻压平使其看起来更平整，或保留随意的造型。如需体现个性化，可在开口处插入名片。为了使造型更具特色，可以旋转正方形，形成菱形。

1 将餐巾平铺成正方形，表面朝下，缝边朝上。

2 将左上角折向餐巾的中心。

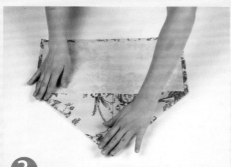

3 将右上角折向餐巾的中心。

4 将左下角和右下角重复上面的步骤，形成一个菱形。

5 转动餐巾，使其平铺为正方形。捏
住左右两侧的中间部分。

6 小心地从两侧对折餐巾，把上半部
分折到餐巾下面，形成一个长方形。

7 把左半部分折到右半部分上面，完
成对折的正方形。

NO.17 双卷

这款餐巾卷设计低调，适用于任何餐位和餐具。根据餐巾的不同，这款叠法可以显得非常正式或者非常随意——你甚至可以在露台餐桌上使用这款餐巾卷。任何颜色或样式的薄至中等厚度的面料都适用于这款叠法。这款餐巾卷可以展示带花边餐巾的花边。

1 将餐巾平铺成正方形，表面朝下，缝边朝上。

2 将顶边向下折向餐巾的中心水平线。

3 将底边向上折向餐巾的中心水平线，形成一个水平的长方形。

4 将餐巾翻转过来，保持长边水平。

5 从右侧开始向中心卷起餐巾。

6 继续卷动，直至卷到餐巾的中心垂直线。

7 从左侧开始向中心卷起餐巾。

8 继续卷动，直至左边的卷在餐巾的中心垂直线碰到右边的卷。

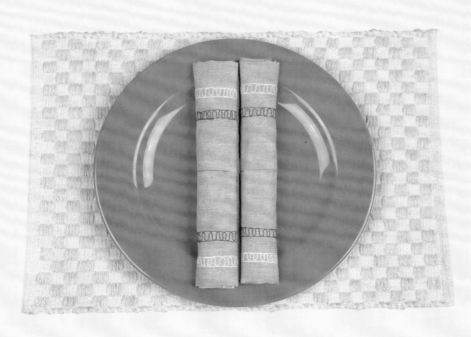

这款使用两块餐巾的叠法很简单。如果需要正式一些，就用丝质餐巾；如果要休闲一些，就用棉质餐巾。喷雾上浆并熨烫的中等至较厚厚度面料的效果最好。这款叠法的餐巾放在高脚杯中很有视觉吸引力。

① 使用两块互补的餐巾。

② 将两块餐巾平铺成正方形，表面朝下，缝边朝上。

③ 把两块餐巾拉平，边缘对齐。

④ 一只手放在餐巾下面，攥住餐巾中间部分，另一只手将餐巾在手掌上压住。

5 每隔约 10 厘米收拢一次餐巾，形成一个松散的尖角。

6 将尖角放入葡萄酒杯或其他杯子中。将餐巾上部拉展，按要求摆放。

NO.19 扇子

用一个小碗、杯子，甚至一个外卖盒（如第63页底部所示）来固定住这款叠法简单的餐巾。在此，我选择了黑色纯色餐巾和一个土耳其蓝色的碗。当然，任何厚度、颜色或样式的面料都适用于这款叠法。在折叠前请先喷雾上浆并熨烫。在开始之前，为每块餐巾准备一个容器。

1 将餐巾平铺成正方形，表面朝下，缝边朝上。

2 将底边折向顶边，形成一个水平的长方形。

3 将左右两边各向上折约4厘米。

4 将左右两边各向下折约4厘米，与两边对齐。

5 将左右两边各向上折约4厘米，与两边对齐。

6 将左右两边缘各向下折约4厘米，使两边在餐巾下相接。

7 将左右两边对折成
手风琴形。

8 将餐巾的窄端（有更多
层的一端）放入容器，
在容器底部使其弯曲加
以固定。

9 将折叠好的餐巾上
部展开，形成扇面。
将扇形餐巾摆放在
需要的位置。

NO.20 冷杉树

　　这款简单好玩的叠法适用于圣诞节、地球日或者其他任何可能需要树木形状主题的晚会。为了保持直立，一定要使用中等或较厚厚度的面料，在折叠前需要上浆并压平。为了达到看起来像树的效果，我选择了一块绿色的餐巾，但其实任何纯色或条纹餐巾都可使用。如果是摆在节日的餐桌上，可以在每棵树上添加圣诞装饰来增添趣味——或者在顶端放颗星星。

1 将餐巾平铺成正方形，表面朝下，缝边朝上。

2 将底边折向顶边，形成一个水平的长方形。

3 将左上角和左下角折向餐巾的中心水平线，形成左角。

4 将右上角和右下角折向餐巾的中心水平线，形成右角。

5 将左角折向餐巾中心。

6 将右角折向餐巾中心，形成一个正方形。

7 从中间捏住餐巾的所有层，轻轻拿起餐巾。

8 将顶边和底边塞入中心，形成有四个尖角的直立餐巾。

9 整理一下四个尖角。

NO.21 幸运饼干

　　这款"幸运饼干"可以平放在盘子里或者直立放置，里面塞入为每个客人准备的手写运势小纸条。这款叠法与亚洲家常菜无疑是很相配的，还可以提高外卖数量。任何厚度、颜色或样式的面料都适用于这款叠法。在此，我选择了一块纯色水绿餐巾。在折叠前请先喷雾上浆并熨烫，折叠后轻轻压平使其看起来更平整，或保留随意的造型。

1 将餐巾平铺成菱形，表面朝下，缝边朝上。

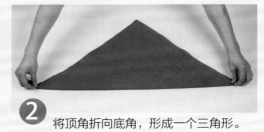

2 将顶角折向底角，形成一个三角形。

3 用右手按住顶边中心，用左手将左角折向底角。

4 将右角折向底角，形成一个菱形。

5 小心地提起餐巾的左右两边,将菱形的下半部分折到上半部分下面,形成一个三角形。

6 将右下角与左下角轻轻地对在一起,抬起餐巾呈直立状态。

7 将餐巾摆放在需要的位置,可以加上自己喜欢的饰物。

NO.22 吉普赛裙

　　这款叠法叠出的餐巾看上去像一条多层的节日裙子。要充分发挥这款可爱设计的优势，应使用带装饰花边的餐巾。在此，我选择了一块有粉红色波浪花边的橙色餐巾。任何厚度的面料都适用于这款叠法。在折叠前请先喷雾上浆并熨烫，折叠后轻轻压平使其看起来更平整，或保留随意的造型。

② 将底边折向顶边，形成一个水平的长方形。

① 将餐巾平铺成正方形，表面朝下，缝边朝上。

③ 将左边折向右边，形成一个正方形。

④ 将餐巾旋转，使之平铺成菱形，将开口的角置于底部，将最上面的两层餐巾的底角折向顶角，让餐巾的花边呈现出一个完整的菱形。

⑤ 将最上面一层餐巾向下折，与菱形底部留出约2.5厘米的距离。

6 将下一层餐巾继续向下折，与上一层餐巾留出约2.5厘米的距离。

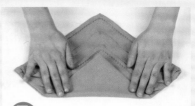

7 将最后一层餐巾的顶角向下折，与上一层餐巾留出约2.5厘米的距离。

8 将餐巾翻转过来，较大的角置于底部，左右两边略微成向下的角度叠在一起。

9 将餐巾再次翻转，摆放时尖角置于底部。

NO.23 流浪汉背包

当你想举办一场小型聚会时，这款叠法的确很棒。这款宽松、随意的叠法意味着你可以使用任何颜色、样式和厚度的面料。在此，我选择了红白格花纹的餐巾。我用一个木夹夹住它，也可以在顶部用丝带捆扎。在折叠前请先喷雾上浆并熨烫。每块餐巾需要一个木夹或一条 50 厘米长的丝带。

1 将餐巾平铺成正方形，表面朝下，缝边朝上。

2 将左下角和右下角向内折至约餐巾宽度的 1/3。

3 将左上角和右上角向内折至约餐巾宽度的 1/3，在餐巾的中心留出一部分空白。

4 将顶边和底边捏在一起。

5 捏住顶边和底边，将右边也加进来。

6 捏住顶边、底边和右边，将左边也加进来。

7 用木夹或丝带将四条边固定，整理袋子的四个角成最理想的形状。

NO.24 衬垫

这款叠法适用于任何场合，但是它扁平的形状更适合于堆放在自助餐桌的盘子之间，或者是垫在面包篮中。任何厚度、颜色或样式的面料都适用于这款叠法。在此，我选择了纯色的深金色餐巾。在折叠前请先喷雾上浆并熨烫，折叠后轻轻压平使其看起来更平整，或保留随意的造型。

1 将餐巾平铺成正方形，表面朝下，缝边朝上。

2 将顶边折向底边，形成一个水平的长方形。

3 将右边折向左边，形成一个正方形。

4 将顶层的左边再折回右边，至餐巾宽度的2/3处。

5 将刚折好的部分再向右折，稍微超过餐巾右边一点，在餐巾表面形成一个垂直的长方形。

6 将左边折至距垂直长方形餐巾宽度的一半处。

7 将左边再向右折，稍微超过餐巾右边一点。

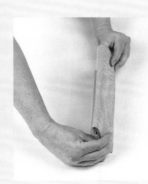

8 翻转餐巾，保持折边向下。

9 如果需要的话，整理一下餐巾，让三层都露出来。

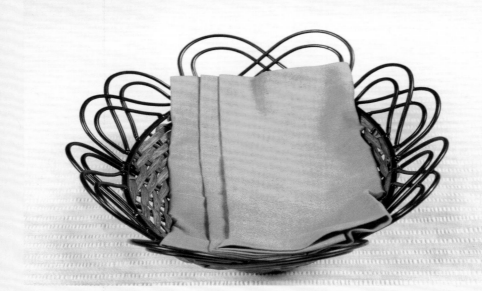

NO.25 束口袋

　　谁会不喜欢束口袋？反正我喜欢！这款简易的餐巾叠法可以保持聚会气氛，或者说它本身就是聚会的气氛：里面装上适合聚会主题的糖果或者巧克力都可以。任何厚度、颜色或样式的面料都适用于这款叠法。在此，我选择了系以麻线的红色印花大手帕（下页展示的是有骷髅头和交叉腿骨的黑色餐巾版本）。在折叠前请先喷雾上浆并熨烫。每块餐巾需要一条30厘米长的麻线或丝带。如果要系蝴蝶结，每块餐巾需要一条50厘米长的麻线或丝带。

1 将餐巾平铺成正方形，表面朝下，缝边朝上。

2 拿起餐巾的左下角和右下角，将它们捏在一起，置于餐巾的上方。

3 将左上角和右上角加进来，捏在一起，置于餐巾的上方，形成一个四角松开的袋子。

4 将四个角放在一起，在其下方几厘米处系上麻线或丝带，扎紧。

5 整理袋子的四个角到最理想的形状。

NO.26 太阳伞

　　这款活泼的太阳伞叠法很鲜亮，也很容易折叠。在此，我选择了鲜绿色条纹餐巾，系以绿色透明丝带，你也可以使用任何条纹或款式、中等厚度的面料及相配的丝带。丝带还可以尝试用黄麻或纱线代替，看起来更纯朴；或者简单地将餐巾底部套在餐巾环内。为使其看起来更平整，在折叠前请先喷雾上浆并熨烫。每块餐巾需要一条50厘米长的丝带。

1 将餐巾平铺成正方形，表面朝下，缝边朝上。

2 将餐巾的底边向上折约4厘米。

3 将餐巾的底边向下折约4厘米，并对齐底边。

4 继续按这样的方法折叠，像折手风琴一样，一直折到餐巾的顶边。

5 将一只手放在餐巾的中部，用另外一只手对折餐巾。

6 在距折好的一边5厘米处系上丝带。

7 将餐巾翻转，褶皱部分向上，将丝带系紧。

8 将餐巾的上部展开。

NO.27 餐垫

这款整洁的叠法可以制作出一个小的正方形餐垫，放在沙拉盘、午餐盘或甜点盘的下面。对于超大尺寸的餐巾，你可以做出一个足够大的、适合正餐餐盘的餐垫。餐巾的反面会在叠好后外露，所以要选择两面都鲜艳的面料，如我在此处使用的是彩色条纹餐巾。任何厚度的面料都适用于这种叠法。在折叠前请先喷雾上浆并熨烫，折叠后轻轻压平使其看起来更平整，或保留随意的造型。

1 将餐巾平铺成正方形，表面朝下，缝边朝上。

2 将左下角折向餐巾中心。

3 将右下角折向餐巾中心。

4 将左上角折向餐巾中心。

5 将右上角折向餐巾中心。

6 将餐巾翻转过来，平铺成正方形，将右下角折向餐巾中心。

7 将左下角折向餐巾中心。

8 将左上角折向餐巾中心。

9 将右上角折向餐巾中心。

10 将餐巾翻转过来，平铺成正方形，在餐巾的左上象限，将尖角从正方形的中心折回左上角，形成一个三角形。

11 其他三个象限照做，将正方形的每个角折回外角。

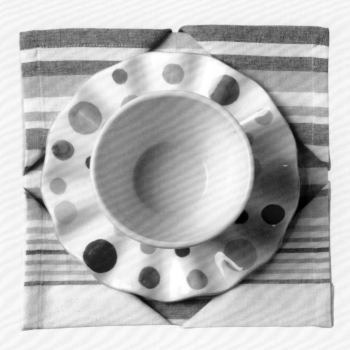

NO.28 褶状

这款随意的餐巾叠法成品较长，中间有一条褶皱。任何厚度的面料都适用于这种叠法。应使用纯色或带条纹的餐巾，如我在此处使用的是鲜红色餐巾。带条纹的餐巾最终效果如何取决于条纹是垂直还是水平方向。由于餐巾叠好后会有一个窄条反面外露，因此这款叠法如果使用两面对比明显的餐巾也会很有趣味。在折叠前请先喷雾上浆并熨烫，折叠后轻轻压平使其看起来更平整，或保留随意的造型。

1 将餐巾平铺成正方形，表面朝下，缝边朝上。

2 将餐巾的底边向上折约 8.5 厘米，在餐巾的底部形成一个水平的长方形。

3 再继续将餐巾向上折同样的宽度三次，直到折到餐巾的顶边。

4 将餐巾翻转过来，抬起顶部的最上层，将带花边的部分向后折约 1~2 厘米。再向相同方向折一次，露出面料的反面，形成一条窄带。

6 将餐巾摆放成
垂直的长方形。

5 将餐巾从中部抬起，然后对折。

NO.29 口袋

装入餐具的口袋餐巾非常适合野餐和非正式聚会。在每个口袋放入餐具之后，你可以用麻线或丝带系好，然后将盛有口袋的篮子放在自助餐桌的尽头以供拿取。为了突出这种叠法的乡村气息，在此，我选择了蓝白格子餐巾，但任何厚度、颜色或样式的面料都适用于这款叠法。在折叠前请先喷雾上浆并熨烫，折叠后轻轻压平使其看起来更平整，或保留随意的造型。

1 将餐巾平铺成正方形，表面朝下，缝边朝上。

2 将餐巾的底边向上折约 8.5 厘米，在餐巾的底部形成一个水平的长方形。

3 将餐巾的顶边向下折，与上一步的折边对齐。

4 将餐巾翻转过来，顶边和底边位置保持不变，将餐巾的右边向内折至餐巾的中心垂直线。

⑤ 将餐巾的左边向内折至餐巾的中心垂直线。

⑥ 将餐巾的左边对折到右边。

⑦ 整理餐巾，将较大的长方形部分置于底部。

⑧ 将餐具有序地滑入口袋中。

NO.30 教皇帽

　　这款简单的叠法可以让最正式的餐桌变得更为优雅。用经典白或其他任何深色、中等至较厚厚度的面料效果最好。在此，我选择了带浅色锦条的锈红色餐巾。教皇帽的简约使其非常适合用小装饰物进行装饰，如第85页底部所示的金色星星。在折叠前请先喷雾上浆并熨烫，折叠后轻轻压平使其看起来更平整。

1 将餐巾平铺成菱形，表面朝下，缝边朝上。

2 将顶角向下折到底角，形成一个三角形。

3 将左边的角向下折到底角，与左下边对齐。

4 将右边的角向下折到底角，形成一个菱形。

5 将菱形顶部 1/3 处向下折，在餐巾上部形成一条水平的边。

6 将左边的角向餐巾下折至中心垂直线，在餐巾左侧形成一条垂直的边。

7 将右边的角向餐巾下折至中心垂直线，在餐巾右侧形成一条垂直的边。轻轻拉开位置较低的两个角，露出中间的角，将餐巾放到盘子上，各个角朝上。

NO.31 通枪条

这款简单的叠法是为餐巾环设计的。它宽松的特点适合随意的聚会，所以我在此处使用蓝白格子餐巾。任何餐巾环都适用于此款叠法，可选择适合你的餐巾及主题的款式。任何厚度、颜色或样式的面料也都适用于这款叠法。在折叠前请先喷雾上浆并熨烫。

1 将餐巾平铺成正方形，表面朝下，缝边朝上。

2 将右下角向上折，稍微超出左上角，朝向左上角的右侧，形成两个互补的三角形。

4 拿住餐巾右边中心点，将餐巾的上半部分向下折到下半部分，将两边在餐巾的右下边对齐。

3 将右上角向下折，稍微超过左下角，朝向左下角的左侧。

将餐巾右角
穿过餐巾环，
将餐巾环固
定在餐巾一
半的位置。

将餐巾尖角朝
下摆放在需要
的位置。

NO.32 餐巾环卷

这款快捷而简便的餐巾卷叠法与餐巾环相得益彰。任何厚度、颜色或样式的面料都适用于这款叠法。在此，我选择了棕色丝质餐巾搭配黄铜绕丝餐巾环。在折叠前请先熨烫，但无需喷雾上浆。

1 将餐巾平铺成正方形，表面朝下，缝边朝上。

2 将餐巾左右两边对折，形成一个垂直的长方形。

3 将餐巾底边与顶边对折，形成一个正方形。

4 从餐巾的顶边开始，宽松地向下卷起餐巾直到底边。

6 摆放餐巾卷时折边朝下。如有必要可调整餐巾环。

5 将餐巾卷的折边朝上，开口边朝下，将餐巾环套入餐巾卷，固定在餐巾卷的中间位置。

NO.33 火箭

想要戏剧性效果，采用这款直立的餐巾叠法，你立刻就能在餐桌上制造出高潮。这款叠法适用于纯色的餐巾，如我在此处使用的是带有亮色条纹的黄绿色餐巾。为了让餐巾直立，选择中等至较厚厚度的面料，在折叠前请先喷雾上浆并熨烫，折叠后轻轻压平使其看起来更平整。

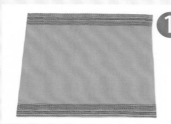

1 将餐巾平铺成正方形，表面朝下，缝边朝上。

2 将餐巾的右上角和左下角对折，形成一个三角形。

3 将右边向下折2.5厘米，在三角形的最长边上形成一条窄带。

4 将餐巾翻转过来，三角形的最长边置于底部。

5 将顶角向下折至底边的中间。

6 留出2.5厘米宽的距离，将顶角再向上折。

将餐巾从左边开始卷起，直至右角。

7 将餐巾左边的角向右折至底边宽度的 2/3 处，与底边对齐。

将右角塞入餐巾底部的边内固定。

将火箭直立。折下顶部最外层的餐巾，形成一个倒三角形。

11 整理之后，将火箭直立摆放在需要的位置。

NO.34 玫瑰花蕾

在进行野餐或自助餐时,我喜欢在盘子旁边放一篮子这样的餐巾。任何厚度、颜色或样式的面料都适用于这款叠法。为更好地展现玫瑰花蕾的外形,请选用适合不同场合的纯色餐巾(例如,红色适合情人节,白色适合新娘送礼会,黄色适合生日宴会),或者选择可爱的花朵图案,如我在此处使用的是带有多彩雏菊图案的餐巾。在折叠前请先喷雾上浆并熨烫。

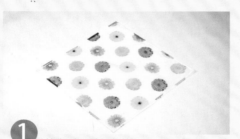

1 将餐巾平铺成菱形,表面朝下,缝边朝上。

2 将底角向上折起约 10 厘米。

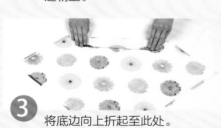

3 将底边向上折起至此处。

4 继续折叠 6~7 次,直至折到餐巾顶端。

5 将餐巾垂直摆放,从靠近你的一端开始卷起。

6 将餐巾卷至顶端。

7 将松散的角塞入最近的折痕加以固定。

8 将玫瑰花蕾餐巾直立放置，小心地将餐巾的各层从中心向外轻拉，营造花瓣的效果。

NO.35 帆船

　　这款有趣、休闲的造型老少咸宜。在此，我选择了蓝、绿、白波状条纹的餐巾来凸显海洋主题。任何厚度、颜色或样式的面料都适用于这款叠法。在折叠前请先喷雾上浆并熨烫，折叠后轻轻压平使其看起来更平整，或保留随意的造型。

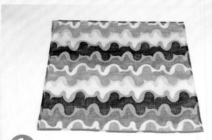

1 将餐巾平铺成正方形，表面朝下，缝边朝上。

2 将餐巾的右上角与左下角对折，形成一个三角形。

3 旋转三角形，使三角形的最长边置于顶部，顶角置于底部。

4 右手按住底角，左手将左角折至餐巾的中心垂直线。

⑤ 左手按住底角，右手将右角折至餐巾的中心垂直线。

⑥ 将餐巾左上角向下折叠，使之与下面的折边对齐，右侧边与餐巾中心垂直线重合。

⑦ 将餐巾右上角向下折叠，使之与下面的折边对齐，左侧边与餐巾中心垂直线重合。

⑧ 将餐巾顶端向下折至餐巾高度的 2/3 处。折起时顶边稍稍保留角度，赋予小船动感。

NO.36 盾

如果选用优雅的单色餐巾,这款简单易行的叠法则显得正式端庄;
如果选用图案新奇的餐巾,如我在此处使用的这款绿叶和黄柠檬图案
的白底餐巾,则会显得妙趣横生。最好选择中等至较厚厚度的面料。
在折叠前请先喷雾上浆并熨烫,折叠后轻轻压平使其看起来更平整,
或保留随意的造型。如果愿意,可在尖角处插入席次牌或小礼物。

1 将餐巾平铺成正方形,表面朝下,缝边朝上。

2 将餐巾的底边与顶边对折,形成一个水平的长方形。

3 将餐巾的左边折向右边,形成一个正方形。

4 将左下角折至餐巾中心位置。

5 将餐巾翻转过来，使刚折平的一边位于底边。将左右边向内折，底部上折，盖住两边，形成盾牌的形状。

6 将餐巾翻转过来，顶角向上摆放。

NO.37 简单直立

这是最简单的一款造型。用贴花或便签纸装饰平针质地的餐巾，然后用简单的叠法加以展示(工艺品商店销售多种多样的贴花和模板，可用于装饰你的餐布)。你也可以不加装饰，仅仅在餐巾上放置一张席次牌即可。任何厚度、颜色或样式的面料都适用于这款叠法。在此，我选择了淡黄色餐巾搭配金色小鸟贴花。在折叠前请先喷雾上浆并熨烫，折叠后轻轻压平使其看起来更平整。请勿熨烫任何装饰物。

① 将餐巾平铺成正方形，表面朝下，缝边朝上。在餐巾底部中心垂直线的左侧贴上贴花。

② 将餐巾翻转过来，使表面朝上，同时保持贴花仍置于底部。将餐巾的左边与右边对折，形成一个垂直的长方形。

③ 再次将餐巾的左边与右边对折，形成一个更窄的长方形，使贴花正好在底部显示出来。

④ 将餐巾顶端从餐巾下折至底端。

⑤ 再次将餐巾顶端从餐巾下折至底端，形成一个更小的正方形。将餐巾各层分开，使餐巾直立。

NO.38 简约风

这款优雅的叠法尽显蕾丝花边餐巾的优势。使用这款叠法，两条装饰边会使餐巾正面充满优雅气息。活泼可爱的设计适用于任何休闲或正式的场合。任何厚度的面料都适用于这款叠法。在此，我选择了带刺绣花边的象牙色餐巾。在折叠前请先喷雾上浆并熨烫，折叠后轻轻压平使其看起来更平整，或保留随意的造型。

1 将餐巾平铺成正方形，表面朝下，缝边朝上。

2 将餐巾的左边折至餐巾中心垂直线。

3 将餐巾的右边折至餐巾中心垂直线。

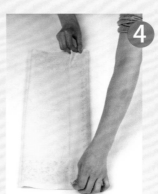

4 将餐巾翻转过来，呈垂直长方形摆放。将餐巾的左边折至餐巾中心垂直线。

5 将餐巾的右边折至餐巾中心垂直线。

6 将餐巾的底边与顶边对折。摆放餐巾，开口一端置于底部。

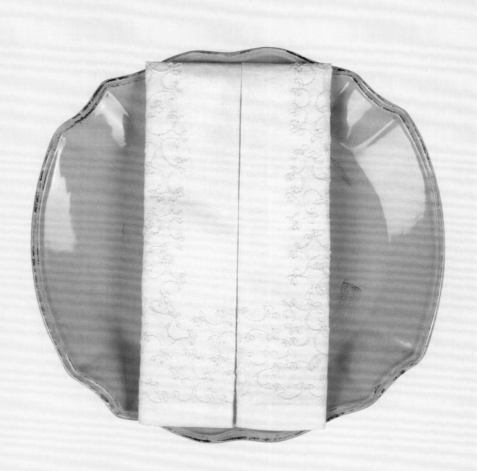

NO.39 简约紧凑

如图中所示，这款简易叠法可以单纯展示，也可以套入餐巾环或用装饰夹进行点缀。在此，我选择了纯色的黄色餐巾，不过任何厚度、颜色或样式的面料都适用于这款叠法。在折叠前请先喷雾上浆并熨烫，折叠后轻轻压平使其看起来更平整，或保留随意的造型。

1 将餐巾平铺成正方形，表面朝下，缝边朝上。

2 将餐巾的左边与右边对折，形成一个垂直的长方形。

3 将餐巾的右边向左折至餐巾宽度的 2/3 处。

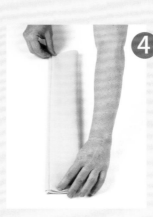

4 将餐巾左边与右边对折，形成一个垂直细长的长方形。

⑤ 将餐巾底边与顶边对折。

⑥ 摆放餐巾，开口一端置于底部。

NO.40 单翼

这款叠法简易、优雅，既可用于精美的高级宴会，又适合用于家常便饭的场合。雅致的场合可选择纯色的素色餐巾；喜庆的场合可选用任何图案或色彩的餐巾。在此，我选择了带白色宽边的棕黄色餐巾，折叠后效果非常好。由于需要一定的体积，餐巾才能成功地直立起来，所以中等或较厚厚度的面料最适合这款叠法。为使餐巾挺括，在折叠前请先喷雾上浆并熨烫。

1 将餐巾平铺成正方形，表面朝下，缝边朝上。

2 将餐巾的底边与顶边对折，形成一个水平的长方形。

3 将餐巾的右边与左边对折，形成一个正方形。

4 将餐巾的左上角向下折至右下角，形成一个三角形。

5 将餐巾最上面两层的右下角向后折至左上角，形成一个位于餐巾表面的小正方形。

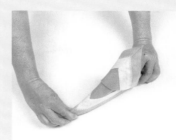

6 将餐巾的左下角和右上角捏拢，提起餐巾中部，使之直立。

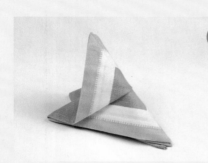

7 将餐巾呈现一定角度地摆放在需要的位置。

NO.41 标准型

这款叠法适合典型的家庭聚会。使用喷雾上浆并熨烫的餐巾可以使之显得特别。此处选用了抽丝花边的姜黄色餐巾。任何厚度、颜色或样式的面料都适用于这款叠法。折叠后轻轻压平使其看起来更平整，或保留随意的造型。如果你愿意的话，可以将折叠好的餐巾摆放在餐盘上方。

1 将餐巾平铺成正方形，表面朝下，缝边朝上。

2 将餐巾的底边与顶边对折，形成一个水平的长方形。

3 将餐巾的右边与左边对折，形成一个正方形。

4 将餐巾翻转过来，顶边和底边保持位置不变。将餐巾的右边与左边对折。

5 摆放餐巾，开口一端置于右下方。

NO.42 三面旗

这款简单优雅的叠法适用于任何厚度、颜色或样式的面料。在此，我选择了纯色的蓝色餐巾。在折叠前请先喷雾上浆并熨烫，折叠后轻轻压平使其看起来更平整。可将叠好后的餐巾悬挂于椅子后背或者每个座位前的桌沿。

1 将餐巾平铺成正方形，表面朝下，缝边朝上。

2 将餐巾的右下角与左上角对折，形成一个三角形。

3 将餐巾的左下角向上折至右上角的左侧，形成两个互补的三角形。

4 将餐巾的左角折至右角的左侧上方，形成三个互补的小三角形。

5 将最上层三角形的左边卷入餐巾下方，使叠加的三角形显得更细长。

6 摆放餐巾，将三个角置于底部。

NO.43 三合一

带有宽饰边的餐巾能更好地显示这款叠法的魅力，如我在此处使用的是华丽的黄底红花普罗旺斯风情餐巾。由于折叠好的餐巾有三个三角形，因此而得名。任何厚度的面料都适用于这款叠法，不过较厚的布料折叠后需要按压才能水平摆放。在折叠前请先喷雾上浆并熨烫。

1 将餐巾平铺成正方形，表面朝下，缝边朝上。

2 将餐巾的右边与左边对折，形成一个垂直的长方形。

3 将餐巾的底边与顶边对折，形成一个正方形。

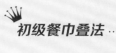

4 将餐巾的左上角向下与右下角对折，形成一个三角形。

5 将餐巾翻转过来，将顶角折至底边的中间位置。如有必要，用手按压并垂直摆放。

NO.44 拴系

这款简易的叠法不一定适用于所有的餐具。但对于带把手的餐具，如柳条筐、托盘或啤酒杯，这款叠法是最完美的装饰。任何厚度、颜色或样式的面料都适用于这款叠法，甚至小一些的午餐巾也适合。在此，我选择了洁白的带有多彩雏菊图案的餐巾。在折叠前请先喷雾上浆并熨烫。

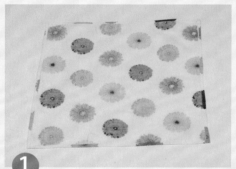

1 将餐巾平铺成正方形，表面朝下，缝边朝上。

2 将餐巾的右下角向上折向左上角，留出 5~7.5 厘米。

3 将餐巾的左上角折至右下边的中点位置。

4 将餐巾的左上边与右下边对折。

5 捏住餐巾的左上边与右下边，使餐巾呈长条形。拿起餐巾。

6 将餐巾一端穿过柳条筐的把手。

7 将餐巾打成单结。

8 摆放柳条筐，突出系有餐巾的把手。

NO.45 托盘卷

这款餐巾卷可以轻松地把餐具和餐巾卷在一起。在需远离餐桌取餐的场合，如果你将这款餐巾放置在餐盘上就显得特别方便。将这款餐巾卷放在自助餐桌尽头也非常好，在这种情况下，最好用拉菲草或丝带将其系紧。在此，我选择了特别适合圣诞节使用的红绿条纹茶巾，不过任何厚度、颜色或样式的面料都适用于这款叠法。在折叠前请先喷雾上浆并熨烫餐巾或茶巾。

1 将餐巾平铺成正方形，表面朝下，缝边朝上。

2 将餐巾的底边向上折至餐巾高度的2/3处。

3 将餐巾的顶边与底边对折，形成一个水平细长的长方形。

4 将餐具放在餐巾上，距右边 1/4 餐巾宽度。餐具柄底端对齐，与餐巾底边平行。

5 用餐巾右边覆盖餐具。

6 从餐巾右边开始卷起，直至另一端。

7 把餐巾卷摆放在每一个餐位上。如果是用于自助餐，用拉菲草或丝带将餐巾卷系紧。

NO.46 三倍

    我为这款简易叠法选择了棕色丝质餐巾，因为这款叠法折出的三层餐巾更能彰显面料华贵的光泽。这款造型可以直接摆放，也可如第117页底部图片所示用餐巾环加以固定。任何厚度、颜色或样式的面料都适用于这款叠法。在折叠前喷雾上浆并熨烫效果更佳，折叠后轻轻压平使其看起来更平整，或保留随意的造型。

1 将餐巾平铺成正方形，表面朝下，缝边朝上。

2 将餐巾的底边向上折至餐巾高度的2/3处。

3 将餐巾的顶边与底边对折，形成一个水平的长方形。

4 将餐巾左边向右折约5厘米，形成一条垂直的窄带。

5 抬起垂直的窄带，在其下方再折出另一条垂直的窄带，将之并列摆放在第一条窄带的右侧。

6 抬起折好的两条窄带，在其下方折出第三条窄带，将之并列摆放在第二条窄带的右侧。

7 将餐巾右边折至离右边最近的垂直窄带。

8 将餐巾翻转过来。

9 摆放餐巾，使三条窄带位于顶部。

NO.47 郁金香

与本书中提到的另外几种叠法一样，这款郁金香叠法既可以平放也可以直立，以增加餐具的高度。为使其能直立摆放，应选用中等或较厚厚度的面料，在熨烫前稍微上浆。在此，我选择了带热带印花的多彩餐巾。如果是正式场合，可尝试纯色餐巾；如果是更为休闲的场合，可选用任何和你的主题相对应的花样。

1 将餐巾平铺成菱形，表面朝下，缝边朝上。

2 将餐巾的顶角与底角对折，形成一个三角形。

3 将餐巾的右角向下折至底角。

4 将餐巾的左角向下折至底角，形成一个菱形。

5 将餐巾翻转过来，顶角位置仍在上方。

6 将顶角向下折，留出约5厘米的宽度。

7 将餐巾再次翻转，底角位置仍在下方。将餐巾的左边向右折至餐巾宽度的 2/3 处。

8 将餐巾的右边与左边对折，与之前的折边对齐。

9 将餐巾的一角塞入之前折叠的最上层加以固定。

10 将餐巾翻转过来摆放，使尖角置于顶部。

11 也可展开底部，将餐巾直立摆放。

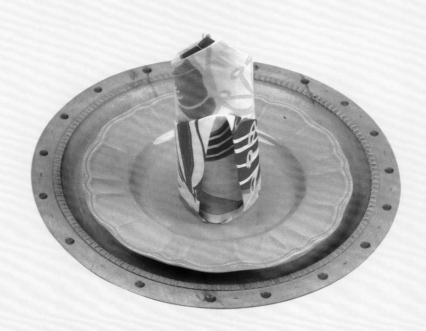

NO.48 双角

如果使用白色餐巾，这款简单的叠法会显得非常正式；如果使用带颜色或图案的餐巾，这款叠法则会显得更为喜庆。为了凸显这款叠法中的两个角，我喜欢使用带装饰边的餐巾，如此处使用的是带白色边的米黄色餐巾。任何厚度、颜色或样式的面料都适用于这款叠法。在折叠前请先喷雾上浆并熨烫，折叠后轻轻压平使其看起来更平整，或保留随意的造型。

1 将餐巾平铺成菱形，表面朝下，缝边朝上。

2 将餐巾的底角向上折起，留出5厘米的宽度。

3 将餐巾翻转过来，顶角位置仍在上方。用右手按住底边中心位置，用左手将左角向上折向顶角，使折叠后的边在餐巾的中心垂直线上。

4 将餐巾的右角向上折向顶角，折至餐巾的中心垂直线上。

5 将餐巾翻转过来，顶角和底角保持位置不变。将餐巾的底角向上折起约5厘米。

6 将餐巾再次翻转，水平边始终置于底部。将餐巾的左边折至餐巾的中心垂直线。

7 将餐巾的右边折至餐巾的中心垂直线。

8 将餐巾翻转过来，摆放时平整的一面置于顶部。

NO.49 双尾

这款优雅、简单的叠法适用于任何厚度、颜色或样式的面料；白色餐巾则最显正式。在此，我选择了橘色亚麻抽丝花边餐巾。如果你愿意的话，也可以用流苏或其他装饰物进行装饰（如第123页底部所示）。在折叠前请先喷雾上浆并熨烫，折叠后轻轻压平使其看起来更平整，或保留随意的造型。

1 将餐巾平铺成正方形，表面朝下，缝边朝上。

2 将餐巾的左上角与右下角对折，形成一个三角形。

3 将餐巾的左下角折至右下角，底边对齐。

4 将餐巾的右上角折至右下角，形成一个正方形。

5 将餐巾的左上角折向餐巾背面，朝右下角方向折至正方形边长的 2/3 处。

6 将餐巾的左边折至餐巾倾斜的对角线（如果餐盘小的话，可以稍稍越过）。

7 将餐巾的顶边折至餐巾倾斜的对角线（如果餐盘小的话，可以稍稍越过）。

8 将餐巾翻转过来摆放在餐盘上，尖角可朝上或朝下。

NO.50 花瓶

　　这款叠法为每个餐位提供了一个可放置绢花的可爱容器（你也可以使用鲜花，但是要记得，因为里面不可能放水，所以为了避免鲜花枯萎，要在最后一分钟再放入鲜花）。尺寸稍微小一点的餐巾比大餐巾效果更好。任何厚度的面料都适用于这款叠法，请选择与场合相配的颜色和样式。流苏或蕾丝边会凸显这款叠法的优势。在此，我选择了带流苏边的淡紫色和白色相间的格子餐巾。在折叠前请先喷雾上浆并熨烫，折叠后轻轻压平使其看起来更平整，或保留随意的造型。

1 将餐巾平铺成菱形，表面朝下，缝边朝上。

2 将餐巾的底角与顶角对折，形成一个三角形。

3 将餐巾的左角向上折至顶角。

4 将餐巾的右角向上折至顶角，形成一个菱形。

5 将餐巾的左下边折至餐巾的中心垂直线。

6 将餐巾的右下边折至餐巾的中心垂直线，呈风筝形状。

7 将顶层餐巾的左上角向下折。

8 将顶层餐巾的右上角向下折。然后将餐巾翻转过来，顶角折下。

9 顶角折下后，对齐顶边，折边位于餐巾下。

中级
餐巾叠法

3

NO.51 篮子

这款叠法非常适合春天或夏天的早午餐会或午餐宴会（特别是在露台举行的那种），可以单独使用，也可以在折叠处插入席次牌、鲜花或香草。应选择与宴会主题一致的任意款式和颜色的面料。在此，我选择了带有明黄色图案的纯色边餐巾，叠好后非常美观。由于餐巾的两面在叠好后均会外露，所以要选择两面都美观的面料。

1 将餐巾平铺成菱形，表面朝下，缝边朝上。

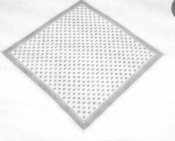

2 将餐巾的左下边和右上边对折，形成一个长方形。

3 将餐巾的左上边和右下边对折，形成一个菱形。

4 将餐巾最上层的顶角向下折至底角。

5 餐巾会出现一条中心水平线。

6 将下一层餐巾的顶角向下塞入，留出约2.5厘米的宽度。

7 将再下一层餐巾的顶角折下，露出餐巾的表面。把尖角塞入上一层，留出约 2.5 厘米的宽度。

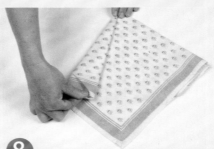

8 将餐巾翻转过来，顶角始终朝上。左手按住底角，右手将右下边向内折至距餐巾的中心垂直线 1/3 角度处。

9 右手按住底角，左手将左下边向内折至距餐巾的中心垂直线 1/3 角度处。

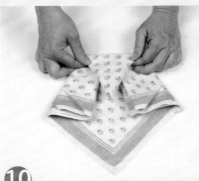

10 将底角向上折至餐巾高度的 2/3 处。

11 将餐巾翻转过来，顶角朝上摆放在需要的位置。

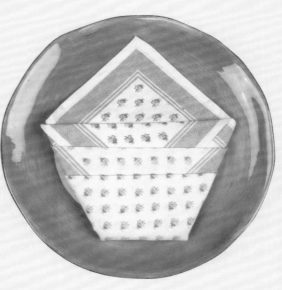

NO.52 兔子

还有什么比这款造型更适合放在复活节晚餐或者春季早午餐的餐盘内呢？在叠好的餐巾上放上糖果或者纽扣做"眼睛"，可以让它更加醒目。任何颜色和样式的面料都适用于这款叠法。对于春季聚会来说，白色或纯色的彩色餐巾非常适用，如我在此处使用的是浅黄色餐巾。最好选用薄餐巾，这样耳朵会很平整。在折叠前请先喷雾上浆并熨烫，折叠后轻轻压平。

1 将餐巾平铺成正方形，表面朝下，缝边朝上。

2 将餐巾的底边折向餐巾的中心水平线。

3 将餐巾的顶边折向餐巾的中心水平线。

4 将餐巾的底边和顶边对折，形成一个细长的长方形。

5 左手按住底边的中间位置，右手将餐巾的右半部分沿底边折至餐巾的中心垂直线。

6 将餐巾的左半部分沿底边折至餐巾的中心垂直线。

7 将餐巾的右上角向下折,在右侧形成一个三角形。

8 将餐巾的左上角向下折,形成一个菱形。

9 将菱形的右边向内折至餐巾的中心垂直线。

10 将菱形的左边向内折至餐巾的中心垂直线。

11 将餐巾翻转过来,耳朵朝上摆放在需要的位置。

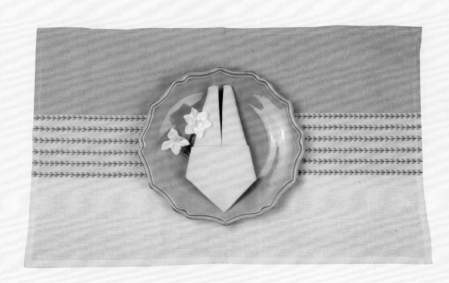

NO.53 西洋玫瑰

这款华丽的叠法实际上比看起来要简单，一旦你掌握要领就可以很快叠好。由于它有着美丽的、女性化的花朵外观，因此适用于任何只有女性参加的场合，或者用来招待尊贵的女客。应选用中等厚度的面料，在熨烫前稍微上浆。任何颜色和样式的面料都适用于这款叠法。西洋玫瑰叠法呈现了一朵盛开的鲜花，可以搭配衬托小点心、小面包卷、马芬蛋糕及司康饼等。

1 将餐巾平铺成正方形，表面朝下，缝边朝上。

2 将餐巾的左下角和右下角折向餐巾的中心。

3 将餐巾的左上角和右上角折向餐巾的中心，形成一个菱形。

4 将餐巾的右角折向餐巾的中心。

5 将餐巾的左角折向餐巾的中心。

6 将餐巾的顶角和底角折向中心，形成一个正方形。

7 将餐巾的左下角和右下角折向餐巾的中心。

8 将餐巾的左上角和右上角折向餐巾的中心，形成一个菱形。

9 将餐巾翻转过来，平铺成正方形。将餐巾的右上角折向餐巾的中心。

10 将剩下的三个角折向中心，形成一个菱形。

11 用左手按住菱形的中心，右手伸至餐巾下，轻轻拉出尖角，形成一片花瓣。

12 剩下的三个角重复同样的做法：用一只手按住菱形的中心，另一只手伸至餐巾下，轻轻拉出尖角，形成一片花瓣。

13 右手按住餐巾的中心位置，左手从左下边伸至餐巾下，找到最内层的角，轻轻拉出，形成一片花瓣。

14 剩下的三条边重复同样的做法：一只手按住餐巾的中心位置，另一只手从每条边伸至餐巾下，找到最内层的角，轻轻拉出，形成一片花瓣。整理后，将西洋玫瑰摆放在需要的位置。

NO.54 小丑帽

不是只有小孩子才能尝试这款可爱的叠法。虽然可以平放在盘子里，但是直立摆放时更有趣。为使叠好后的造型挺括，应使用中等至较厚厚度的面料，在折叠前请先喷雾上浆并熨烫，选择一些有趣的样式可以让这款叠法更有节日气氛，如我在此处使用的是绿底棕点餐巾。在每块餐巾下面藏一个小礼物为你的客人带来惊喜。

① 将餐巾平铺成正方形，表面朝下，缝边朝上。

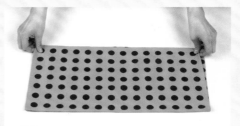

② 将餐巾顶边和底边对折，形成一个水平的长方形。

③ 右手按住顶边的中心位置，左手将左上角向下折，形成一个锐角三角形，距离底边约 7.5 厘米，将折痕处抹平。

④ 继续用右手按住顶边的中心位置，拿起刚才折好部分的左上边再折一次，宽度和第一次折的相同。

5 将三角形再折一次，让其右边处于餐巾的中心垂直线位置。

6 将三角形向餐巾的另一端再折两次。

7 将三角形折最后一次，让餐巾的右边和三角形的边重合。

8 将餐巾旋转，让尖角朝向自己。

9 从三角形的底部开始将最内层向外翻，形成一个锥形。

10 将餐巾打开呈圆形，使其直立。将小丑帽餐巾摆放在需要的位置，根据具体需要整理尖角。

NO.55 斗篷

这款斗篷餐巾简单而典雅。它有一个小开口，可以摆放一些小点心或者糖果。对于一个希腊主题的聚会来说，可以选择蓝、白或浅绿色餐巾（如我在此处使用的颜色）。对于宴会来说，可以选用一些对你的主题和布置能起到补充作用的颜色或样式。大尺寸的薄面料最适用于这款叠法。在折叠前请先喷雾上浆并熨烫。

1 将餐巾平铺成正方形，表面朝下，缝边朝上。

2 将餐巾的顶边向下折至餐巾高度的2/3处。

3 将餐巾的底边和顶边对折，形成一个水平的长方形。

4 左手按住底边的中心位置，右手将餐巾右半部分向上折至餐巾的中心垂直线位置。

5 将餐巾左半部分向上折至餐巾的中心垂直线位置，在中间留出一条小空隙。

6 将餐巾翻转过来,尖角朝下,尾部朝上。

7 将尾部右侧顶边向下折至三角形的顶边。

8 将尾部右侧再向下折,在三角形的顶边右侧形成一条窄带。

9 将尾部左侧顶边向下折至三角形的顶边。将尾部左侧再向下折,在三角形的顶边左侧形成一条窄带。

10 双手按住两条窄带向下旋转,将其在三角形下相碰。

11 将两条窄带并排平行摆放,立起三角形。

12 将三角形卷向一侧,形成一个圆形的开口。将开口向下摆放在需要的位置。

NO.56 对角线

选用两面花纹不同的餐巾，叠好后可以交替展示出来，达到完美的效果。在此，我选择了反面为复色条纹的花朵图案棕底餐巾。任何厚度的面料都适用于这款叠法。在折叠前请先喷雾上浆并熨烫，折叠后轻轻压平使其看起来更平整，或保留随意的造型。

1 将餐巾平铺成正方形，表面朝下，缝边朝上。

2 将餐巾的底边与顶边对折，形成一个水平的长方形。

3 将餐巾的上层顶边向下折，留出约5厘米的距离，形成一条窄带。

4 将餐巾的底层向下折，盖过之前折出的边，在餐巾上部形成一条和底部宽度相同的窄带，约5厘米。

5 将餐巾翻转过来，将顶部置于下方。将左下角向上折至餐巾的中心水平线，在餐巾上形成一个小的三角形。

6 以三角形的右边为界限，将三角形的左边向右折。

7 将右上角向下折至餐巾的中心水平线，在餐巾上形成一个小的三角形。

8 以三角形的左边为界限，将三角形的右边向左折。

9 将右下角向上折至顶边的中点位置，在餐巾上形成一个三角形。

10 将左上角向下折至底边的中点位置，形成一个平行四边形。

11 将餐巾翻转过来，水平摆放。

NO.57 双层信封

　　用这款有趣的叠法叠出来的餐巾可以作为席次牌或者聚会纪念品的底托。选用中等至较厚厚度的面料。餐巾的反面会在叠好后外露，所以要选择两面图案都美观的面料，如我在此处使用的是蓝、白、绿色花朵图案餐巾。在折叠前请先喷雾上浆并熨烫，折叠后轻轻压平使其看起来更平整。叠好后的餐巾垂直或沿对角线方向摆放效果最佳。

❶ 将餐巾平铺成正方形，表面朝下，缝边朝上。

❷ 将餐巾底边与顶边对折，形成一个水平的长方形。

❸ 将餐巾的左边与右边对折，形成一个正方形。

❹ 将餐巾顶层的右上角与左下角对折，在正方形上形成一个三角形。

5 将餐巾顶层的左下角折向餐巾的中
心位置，形成一个更小的三角形。

6 将顶层的右上角折向餐巾的中心位
置，形成另一个小的三角形。

7 将餐巾的左上角向后折至餐巾的中心。

8 将餐巾的右下角向后折至餐巾的
中心。

NO.58 双褶

　　这种甜美的多功能叠法适用于任何厚度、颜色或样式的面料。叠好后呈小菱形，两条皱褶位于中间。在此，我选择了富有乡村特色的锈橙色小印花餐巾。在折叠前请先喷雾上浆并熨烫，折叠后轻轻压平使其看起来更平整，或保留随意的造型。

1 将餐巾平铺成正方形，表面朝下，缝边朝上。

2 将餐巾的顶边向下折至餐巾高度的 2/3 处。

3 将餐巾的底边向上折至顶边，形成一个水平的长方形。

4 用右手按住下端的中心位置，左手将餐巾的左半部分向上折至餐巾的中心垂直线。

5 将餐巾的右半部分向上折至餐巾的中心垂直线。

6 将餐巾翻转过来，尖角朝下，尾部朝上。将尾部左侧顶边向下折至三角形的顶边。

7 将尾部左侧再向下折，在三角形的顶边左侧形成一条窄带。

8 将尾部右侧顶边向下折至三角形的顶边。将尾部右侧再向下折，在三角形的顶边右侧形成一条窄带。

9 将餐巾翻转过来，保持尖角朝下。右手按住顶边的中心位置，左手将餐巾的左半部分向下折至餐巾的中心垂直线。

10 将餐巾的右半部分向下折至餐巾的中心垂直线。将餐巾垂直或者水平摆放在盘中。

NO.59 爆炸信封

这款有着精致外表的餐巾可以平放或者直立放置，适合比较激动人心的场合。应选择中等至较厚厚度的面料，在折叠前应稍微上浆并压平。单一的颜色会使得这款餐巾的形状更引人注目，所以不要选择太花哨的图案。在此，我选择了亮金色的餐巾。

1 将餐巾平铺成菱形，表面朝下，缝边朝上。

2 将餐巾底角与顶角对折，形成一个三角形。

3 用左手按住底边的中心位置，右手将餐巾的右下角向上折至顶角。

4 将餐巾的左下角向上折至顶角，形成一个菱形。

5 将底角向上折，留出约5厘米的距离。

6 将餐巾顶层顶角向下折至底边。

7 将餐巾下一层的右侧顶角向下折至底边，塞入顶层下。

8 将餐巾下一层的左侧顶角向下折至底边，塞入顶层下。

9 将餐巾再下一层的顶角向下折，塞入上一层餐巾下。

10 将餐巾翻转过来，尖角始终朝上。将餐巾右侧向左折至餐巾宽度的2/3处，折出一条垂直的右边。

11 将餐巾左侧向左折至餐巾宽度的1/3处，折出一条垂直的左边。将左侧的尖角塞入右侧的口袋中加以固定。

12 将餐巾翻转过来，尖角朝上。也可以将餐巾的底部撑开直立摆放。

NO.60 鱼

这种新奇的叠法对大人和孩子来说都很有趣——试想一个泳池聚会，吃着海鲜或者中餐外卖（鱼在中国文化中代表着富足）。任何颜色和样式的面料都适用于这款叠法，我推荐选用明亮、鲜活的颜色。选用中等或稍厚一点的布质餐巾，在折叠前请先喷雾上浆并熨烫，折叠后轻轻压平使其看起来更平整。可以在餐巾的"眼"部放上一颗纽扣、一颗糖果、一粒小石子、一枚硬币或其他装饰物。

1 将餐巾平铺成正方形，表面朝下，缝边朝上。

2 将餐巾的左上角与右下角对折，形成一个三角形。

3 转动三角形，使最长边置于上方。将顶边向下折，留出约5厘米的距离，形成一条宽带。

4 将餐巾翻转过来，尖角始终朝下。

5 右手按住顶边的中心位置，左手将左角向下折至餐巾的中心垂直线，在底部形成尾部。

6 将右角向下折至餐巾的中心垂直线，在底部形成尾部。

7 将尾巴左半部分向左侧 90° 对折。尾巴右半部分向右侧 90° 对折。用熨斗轻轻熨好。

8 将餐巾翻转过来，向左或向右摆放在盘子里。如果需要，可以加一个装饰物当"眼睛"。

NO.61 花

这款餐巾可以放在咖啡杯或茶杯中，适合搭配餐后咖啡、茶或者甜点。应选用尺寸稍小的餐巾，在折叠前请先熨烫，但无需喷雾上浆。任何颜色和样式的面料都适用于这款叠法。在此，我选择了紫色的丝质餐巾，放在白瓷咖啡杯中。对于大一点的拿铁马克杯，可以选择正常大小的餐巾。

1 将餐巾平铺成正方形，表面朝下，缝边朝上。

2 将餐巾的底边向上折至餐巾的中心水平线。

3 将餐巾的顶边向下折至餐巾的中心水平线。

4 将餐巾的顶边与底边对折，形成一个细长的长方形。

5 将餐巾的右边与左边对折，形成一个小的长方形。

6 将餐巾的顶层向右翻开，在餐巾宽度的3/4处形成一小条重叠区域。

7 将餐巾的右边向左折，折边与右边对齐。

8 将餐巾开口处向右折，折边与左边对齐。如果有必要，将末端再向左折，折边与右边对齐。

9 将餐巾翻转过来，折好的部分放在左边，开口处放在右边，将右边向左折，折边与右边对齐。

10 继续这种手风琴式的叠法，直到餐巾完全被折成一摞。

11 将餐巾放入杯子，开口处朝向自己。轻轻地从两侧拉，使餐巾呈扇形展开。

12 让三条折边朝向自己，在每条折边的顶部拉一下，让餐巾呈现出更多的褶皱。让开口处朝向桌子中间，将杯子摆放在需要的位置。

NO.62 百合

这款叠法源自法国，优雅而带有贵族气质，因此我选择了美丽的深紫色餐巾。任何厚度、颜色或样式的面料都适用于这款叠法。在折叠前请先喷雾上浆并熨烫，折叠后轻轻压平使其看起来更平整。你可以将叠好的餐巾放在盘子、酒杯或者水杯中。

① 将餐巾平铺成正方形，表面朝下，缝边朝上。

② 将餐巾的右上角与左下角对折，形成一个三角形。

③ 将餐巾的右下角折向左下角，与底边重合。

④ 将餐巾的顶角折向左下角，形成一个正方形。

⑤ 将拇指插入左上角的餐巾层中间，将餐巾顶层推向对角线，形成一个7.5厘米宽的三角形底托，边缘与对角线重合，将其压平。

⑥ 将拇指插入右下角的餐巾层中间，将餐巾顶层推向对角线，形成一个7.5厘米宽的三角形底托，边缘与对角线重合，将其压平。

⑦ 将餐巾右下边向上折至对角线，在右下边形成一个锐角三角形。

⑧ 将餐巾左上边向下折至对角线，在左上边形成一个锐角三角形。

⑨ 转动餐巾，使尖角朝上。将餐巾的上半部分向后折，形成一条平边。

⑩ 将平边朝下摆放餐巾。

NO.63 心

这款甜美的叠法用在情人节非常完美，也同样适合任何你为心爱
的人准备大餐的场合。这款叠法适合选用中等至较厚厚度的面料，可
以带有小到中等大小的印花，如我在此处使用的是白点粉底餐巾。选
用纯色的餐巾也很漂亮。在折叠前请先喷雾上浆并熨烫，折叠后轻轻
压平使其看起来更平整。在这款餐巾的顶部可放置可口的桌牌饼干、
手写的卡片或者一个包装好的小礼物。

1 将餐巾平铺成正方形，表面朝下，
缝边朝上。将左边与右边对折，形
成一个长方形。

2 将左边再与右边对折，形成一个细
长的长方形。

3 转动餐巾，将折边置于顶部，开口边置
于底部。

4 右手按住顶边的中心位置，左手将餐
巾的左半部分向下折至餐巾的中心垂
直线位置。

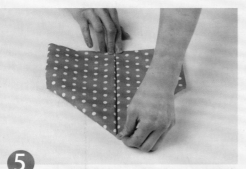

5 将餐巾的左半部分向下折至餐巾的中心垂直线位置。

6 将餐巾翻转过来，保持尖角朝上、尾部朝下。处理左侧的尾部，将右下角和左下角向内折至尾部的中心垂直线位置，形成一个尖角。

7 处理右侧的尾部，将右下角和左下角向内折至尾部的中心垂直线位置，形成一个尖角。

8 将餐巾翻转过来，尖角向下摆放餐巾。

NO.64 香草瓶

　　这款美观的叠法适合小尺寸的较厚厚度的面料，如我在此处使用的是带有绿色香草图案的象牙色餐巾。在折叠前请先喷雾上浆并熨烫，折叠后轻轻压平使其看起来更平整。在每块餐巾内放上一小片香草，发出淡淡的清香，使餐品更加诱人。如需完全不同的外观，可选用黑色或者橙色的餐巾和点心做成眼部，这款餐巾即成为一只万圣节小猫。

1 将餐巾平铺成正方形，表面朝下，缝边朝上。

2 将餐巾的右上角与左下角对折，形成一个三角形。

3 转动餐巾，将最长的边置于顶部。将底角向上折至餐巾的中心位置。

4 将顶边向下折至中心位置，与底角重合。

5 右手按住顶边的中心位置，用左手
将左角向右下折，对齐餐巾的底边，
在左下侧形成尾部。

6 将右角向左下折，对齐餐巾的底边，
在左下侧形成尾部。

7 将餐巾翻转过来，尖角朝上、平边朝
下摆放。

NO.65 高塔

这款餐巾可以用来盛餐具，放置在每个盘子的左侧或每个餐盘的顶部。任何厚度、颜色或样式的面料都适用于这款叠法。在此，我选择了纯色的深蓝餐巾。在折叠前请先喷雾上浆并熨烫，折叠后轻轻压平使其看起来更平整。

1 将餐巾平铺成正方形，表面朝下，缝边朝上。

2 将餐巾的左上角向右下角折，留出约5 厘米的距离。

3 将餐巾翻转过来，将最长的边置于顶部。

4 从左上角顶边宽度的 1/3 处向下折，与餐巾左侧对齐。

5 从右上角顶边宽度的 1/3 处向下折，与餐巾右侧对齐。

⑥ 将顶边向下折约 5 厘米。

⑦ 将餐巾翻转过来，保持水平边置于顶部。

⑧ 将左角向右角折至餐巾宽度的 2/3 处。

⑨ 将右角折至尖角接触到餐巾左边为止。将右侧的尖角塞入左侧的口袋中加以固定。尖角朝上摆放餐巾。

NO.66 小鸟

任何适合你的主题的纯色或者带图案的餐巾都适用于这款美观的叠法。在此，我选择了蓝白格子餐巾，比较适合早午餐、午餐或户外休闲烧烤。薄至中等厚度的面料折出的效果最佳，因为这款叠法需要折的层数较多。在折叠前请先喷雾上浆并熨烫，折叠后轻轻压平。

1 将餐巾平铺成正方形，表面朝下，缝边朝上。

2 将餐巾的右下角与左上角对折，形成一个三角形。

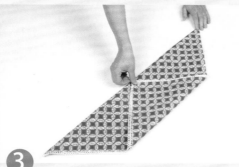

3 将餐巾的左上角向下折至最长边的中心位置。

4 右手按住最长边的中心位置，左手将左下角以一定的角度向右折。

5 将餐巾的右半部分向左折，盖住上一步折的部分，与左侧所有的折边对齐，在右下边形成一个角。

6 将有两个角的一边向右下角折餐巾高度的 2/3。

7 对折餐巾。

8 将右下角向下折，做成小鸟的头部。将小鸟摆放在需要的位置。

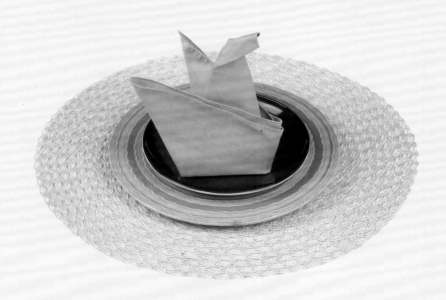

NO.67 莲花

这款叠法十分美观，可以放在盘子和碗之间。放在浅一点的碗里会显得更优雅，看起来像一朵百合。在此，我选择了蓝色的餐巾，但任何厚度、颜色或样式的面料都适用于这款叠法。在折叠前请先喷雾上浆并熨烫，折叠后轻轻压平使其看起来更平整。

1 将餐巾平铺成正方形，表面朝下，缝边朝上。

2 将餐巾的左下角向内折至餐巾的中心位置。

3 将餐巾的右下角向内折至餐巾的中心位置。

4 将餐巾的左上角和右上角向内折至餐巾的中心位置，形成一个菱形。

5 将底角向上折至餐巾的中心位置。

6 将顶角向下折至餐巾的中心位置。

7 将左角和右角折向餐巾的中心位置，形成一个正方形。

8 将餐巾翻转过来，仍旧平铺成正方形。将左下角和右下角向内折至餐巾的中心位置。

9 将左上角和右上角向内折至餐巾的中心位置，形成一个菱形。

10 左手按住菱形的中心，右手伸至餐巾下，轻轻拉出尖角，形成一片花瓣。

11 用右手按住菱形的中心，左手伸至餐巾下，轻轻拉出尖角，形成一片花瓣。

12 另外两个角重复上述动作。形成四片花瓣。

13 整理花瓣，将莲花摆放在需要的位置。

NO.68 兰花1

这款柔软优雅的餐巾可以放在酒杯里，也可以在叠好的餐巾底部套上餐巾环，平放在餐盘中。任何厚度、颜色或样式的面料都适用于这款叠法，根据具体场合调整即可。在此，我选择了黄色印花餐巾。在折叠前请先喷雾上浆并熨烫，并为每块餐巾准备一只酒杯、水杯或餐巾环。

1 将餐巾平铺成正方形，表面朝下，缝边朝上。

2 将餐巾的底边与顶边对折，形成一个水平的长方形。

3 将餐巾的右上角向下折至底边的中心位置。

4 将餐巾的左上角向下折至底边的中心位置，形成一个三角形。

5 将餐巾的右下角向上折至顶角。

6 将餐巾的左下角向上折至顶角，形成一个菱形。

7 将菱形右角的顶层拿起，将拇指伸进餐巾层内，将其打开并将角部向右折2.5厘米，形成一片花瓣。

8 将菱形左角的顶层拿起，将拇指伸进餐巾层内，将其打开并将角部向左折2.5厘米，形成一片花瓣。

9 从底部1/3处拿起餐巾，从餐巾两侧距底部2.5厘米处向餐巾后压在一起，保持左右角仍向外张开。

10 将餐巾放进酒杯，轻轻地将花瓣整理好。

NO.69 纸足球

你还记得那些儿时令你头疼的扔来扔去的纸足球吗？这款奇妙的叠法是用布料做的成人版纸足球。中等厚度、任何颜色或样式的面料都适用于这款叠法。在此，我选择了亮黄绿色餐巾。在折叠前需轻轻压平。

1 将餐巾平铺成正方形，表面朝下，缝边朝上。

2 将餐巾的底边向上折至餐巾高度的2/3处。

3 将餐巾的顶边向下折至底边，形成一个水平的长方形。

4 将餐巾的右上角向左下折，在右下角形成一个角。

5 将右角的右边向上折,在餐巾的顶部形成一个三角形。

6 将右角的右边向下折,形成另一个三角形。

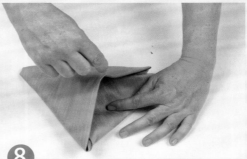

7 将餐巾的左下角向右上折,在左下角形成一个角。

8 将餐巾的左角塞入右侧三角形的顶层下加以固定。将餐巾摆放在需要的位置或自助餐盘上。

NO.70 鹦鹉

明亮的条纹图案面料让这款餐巾更加醒目，但其实任何颜色和样式的面料都适用于这款叠法。在此，我选择了水绿色、橙色、棕色和金色条纹的餐巾，体现热带的感觉。选择中等至较厚厚度的面料为佳。在折叠前请先喷雾上浆并熨烫，折叠后轻轻压平使其看起来更平整，或保留随意的造型。

1 将餐巾平铺成正方形，表面朝下，缝边朝上。

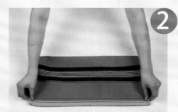

2 将餐巾的底边与顶边对折，形成一个水平的长方形。

3 用左手将餐巾右上角的顶层掀起，用右手将右下角向内折至餐巾的中心垂直线位置。

4 将餐巾压平。

5 用右手将餐巾左上角的顶层掀起，用左手将左下角向内折至餐巾的中心垂直线位置。

6 将大三角形压平。

7 将三角形左上角与右上角对折，形成一个小的三角形。

8 右手按住三角形底角，左手将三角形的四个顶角展开呈扇形。

9 将餐巾翻转过来，使四个角位于左上方，折边则位于右侧。从折边开始将餐巾卷起至餐巾宽度的一半。

10 将餐巾再次翻转过来，整理折出的鹦鹉形状。

NO.71 孔雀

这款叠法折叠起来比看起来更容易，只需从放在高脚玻璃杯中的一个简单的手风琴式折叠褶开始，其结果是一款异域孔雀的设计，尾部戏剧性地呈褶皱状垂在桌子上。喷雾上浆并熨烫过的较厚厚度面料效果最好，在此，我选择了深蓝色锦缎餐巾。任何颜色和样式的面料都适用于这款叠法，但应避免使用大的印花图案，它们会分散成品褶皱产生的视觉冲击力。在叠之前，为每块餐巾准备一只高脚玻璃杯。

1 将餐巾平铺成正方形，表面朝下，缝边朝上。

2 将餐巾的右下角向内折约5厘米。

3 将餐巾的同一边向餐巾下折约5厘米。

4 将餐巾的同一边向餐巾下折回，像手风琴一样，与折边对齐。

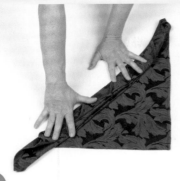

5 继续手风琴式折叠餐巾。

6 将餐巾叠至左上角，将其拿起并在
餐巾长度的约 1/3 处对折，将对折
处放入酒杯中。

7 将短端作为孔雀的头部，并将长端
展开呈扇形，让它悬垂至桌面作为
孔雀的尾部。

NO.72 风车

　　无论是为孩子还是为成人准备的休闲场合，这款充满节日氛围的叠法一出现，会立刻使餐桌更为活泼。纯色或带有印花的任何厚度的面料都适用于这款叠法。在此，我选择了带有蓝色和白色水果图案的餐巾。在折叠前请先喷雾上浆并熨烫，折叠后轻轻压平使其看起来更平整。

1 将餐巾平铺成正方形，表面朝下，缝边朝上。

2 将餐巾的左下角折至餐巾的中心位置。

3 将餐巾的右下角折至餐巾的中心位置。

4 将餐巾的左上角和右上角折至餐巾的中心位置，形成一个菱形。

5 旋转餐巾，将其平铺成正方形。将餐巾的左边折至餐巾的中心垂直线位置。

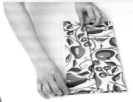

6 将餐巾的右边折至餐巾的中心垂直线位置，形成一个垂直的长方形。

7 将餐巾的底边折至餐巾的中心水平线位置。

8 将餐巾的顶边折至餐巾的中心水平线位置，形成一个正方形。

9 从餐巾顶层里面松开正方形左边的两个角，轻轻地将其拉出形成一个角。

10 从餐巾顶层里面松开正方形右边的两个角，轻轻地将其拉出形成一个角。

11 将左角的上半部分向上折，垂直于其原始位置。

12 将右角的下半部分向下折，垂直于其原始位置。

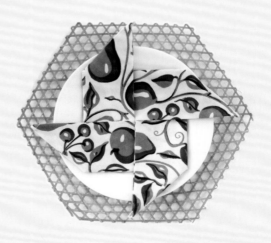

NO.73 尖口袋

　　将你的银器放入这款漂亮的口袋中是非常美观的。尽管任何颜色的面料都适用于这款叠法，但纯色的餐巾比有花纹的餐巾更能凸显这款叠法的层次感。在此，我选择了纯色的亮黄色餐巾。还要记住，餐巾的反面会在叠好后外露。为了使成品效果更好，在折叠前后均需轻轻压平。

1 将餐巾平铺成菱形，表面朝下，缝边朝上。将餐巾的左上边与右下边对折，形成一个长方形。

2 将餐巾的右上边与左下边对折，形成一个菱形。

3 将餐巾顶层的底角折向顶角，留出约1厘米的距离。

4 将餐巾第二层的底角折向顶角，留出约1厘米的距离。

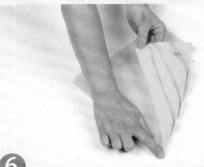

5 将餐巾第三层的底角折向顶角，留出约 1 厘米的距离。

6 将餐巾翻转过来，底角始终在下。将餐巾左角折向右侧，占餐巾宽度的 2/3。

7 将餐巾的右角折向左边，覆盖上一步折叠的部分。

8 将餐巾翻转过来，并将长端朝下摆好。

NO.74 褶皱

　　这款柔软且节日气氛浓重的餐巾需要放在一个酒杯中，顶部有一系列褶皱且无可见的折边。可以使用丝质餐巾，或使用带有有趣印花的餐巾使气氛更为休闲，如我在此处使用的是多彩的花朵图案餐巾。这款叠法最好使用未上浆且厚度较薄的压平面料。准备的玻璃杯越小，选用的面料也应越薄。

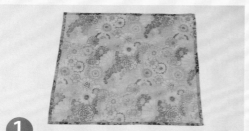

1 将餐巾平铺成正方形，表面朝下，缝边朝上。

2 将餐巾的底边与顶边对折，形成一个水平的长方形。

3 将餐巾的右边与左边对折，形成一个正方形。

4 旋转餐巾，使其平铺成菱形，将开口边置于顶部。

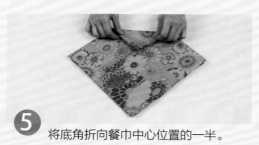

5 将底角折向餐巾中心位置的一半。

6 将餐巾右角与左角对折。

7 将餐巾顶层向右折回至底边宽度的1/3处。

8 将餐巾右角向左折回，与餐巾下层的右边对齐。

9 将餐巾顶层的角向右折回，使角对齐餐巾右边。

10 将餐巾翻转过来，顶角始终朝上。将餐巾右角向左折回，与餐巾下层的右边对齐。

11 将餐巾左角向右折回，左边与餐巾下层的左边对齐。

12 将餐巾顶层的角向左折回，使角对齐餐巾左边。

13 将餐巾角朝上放入玻璃杯中，并轻轻地将顶部的四个角分开，从中间将其两两一组弯曲分离。

14 将两个右角分别塞入自己的下方，将两个左角分别塞入自己的下方，将四个小褶皱捏立体。

NO.75 展现

这款叠法是为展现餐巾的两面而设计的。最终的成品是一个简洁的菱形，展开的一小部分展现了餐巾的反面。在此，我选择了美观的红绿黄花朵图案的餐巾，反面是条纹图案。任何厚度的面料都适用于这款叠法。在折叠前请先喷雾上浆并熨烫，折叠后轻轻压平使其看起来更平整，或保留随意的造型。

1 将餐巾平铺成正方形，表面朝下，缝边朝上。

2 将餐巾的底边与顶边对折，形成一个水平的长方形。

3 将餐巾的左边折向顶边。

4 将餐巾的右边折向顶边，形成一个三角形。

5 将餐巾翻转过来，底角始终朝下。

6 将餐巾的左角向下折至底角。

⑦ 将餐巾的右角向下折至底角，形成一个菱形。

⑧ 拿起餐巾顶层的左下端，向左剥开2.5~5厘米，露出反面的花纹。压平。

⑨ 拿起餐巾顶层的右下端，向右剥开2.5~5厘米，露出反面的花纹。压平。将外露的角置于顶部摆放餐巾。

NO.76 披肩

这款叠法看起来像一块裹住肩膀并在前面重叠的披肩，非常适合女性聚会的餐桌。餐巾的反面会在叠好后外露，所以要选择两面颜色都鲜艳的面料。在此，我选择有黄色和绿色花朵图案的餐巾，反面是与之协调的条纹。任何厚度的面料都适用于这款叠法。在折叠前请先喷雾上浆并熨烫，折叠后轻轻压平使其看起来更平整，或保留随意的造型。

1 将餐巾平铺成正方形，表面朝下，缝边朝上。

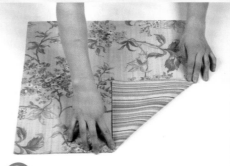

2 将餐巾的左上角折向餐巾的中心位置。

3 将新形成的折边折至稍微覆盖餐巾中心位置的角。

4 将餐巾翻转过来，使平边置于顶部。将底角折至餐巾的原中心位置。

5 将新折出的底边向上折至稍微覆盖餐巾中心位置的角。

6 将左角向右下方折,使尾部超过餐巾底边,且尾部底边与餐巾平行。

7 将右角向左下方折,将右边的尾部放在左边尾部的上面,且与餐巾底边对齐。

NO.77 楼梯

这款叠法的成品直立在盘子上，模仿向上攀登的螺旋楼梯，是一款令人惊奇且时尚的造型。虽然任何颜色或样式的面料都适用于这款叠法，但一定要选择较厚厚度的纯色面料，如我在此处使用的是带有精致包边的棕色织巾。在折叠前请先大量喷雾上浆并熨烫。为使成品效果挺括，在卷曲以及站立之前均需压平餐巾。

1 将餐巾平铺成正方形，表面朝下，缝边朝上。

2 将餐巾的底边与顶边对折，形成一个水平的长方形。

3 左手拿起餐巾顶层的右上角，右手将餐巾的右下角向内折至餐巾的中心垂直线。

4 右手拿起餐巾顶层的左上角，左手将餐巾的左下角向内折至餐巾的中心垂直线，形成一个三角形。

5 将三角形的左边与右边对折，形成一个小的三角形。如果需要的话，按压所有四层餐巾的角。

6 从三角形左边开始向上卷起餐巾，注意始终与顶边对齐。

7 继续卷动餐巾直至末端。将餐巾以更宽的一端为底站起来，保持直立。

8 以餐巾底部为基点将四个角展开呈扇形，使之直立并创造出螺旋楼梯的效果。

NO.78 开门见山

这款叠法可以平放或直立在任何地方。如果你选择后一种展示方式，可以考虑在每块餐巾中心放一颗糖果、一个小纪念品或一个午餐小圆面包。这款叠法可以使用任何纯色或有图案的中等至较厚厚度的面料。在此，我选择了亮蓝绿色和粉色花朵图案的黄绿色底餐巾。如果希望成品餐巾能直立起来，给布料喷雾上浆是很重要的。无论采用哪种摆放方式，在折叠前均需熨烫。

1 将餐巾平铺成正方形，表面朝下，缝边朝上。

2 将餐巾底边向上折至餐巾高度的2/3处。

3 将餐巾顶边折向底边，形成一个水平的长方形。

4 将餐巾顶边的右半部分折至餐巾的中心垂直线位置。

5 将餐巾顶边的左半部分折至餐巾的中心垂直线位置，形成一个三角形，两条尾部垂在其下方。

6 将尾部右侧底边向上折至三角形的底边。

7 将尾部右侧再向上折，在三角形的底边右侧形成一条窄带。

8 将尾部左侧底边向上折至三角形的底边。将尾部左侧再向上折，在三角形的底边左侧形成一条窄带。

9 将右边向左折至餐巾宽度的2/3处。

10 将左边向右折，并塞入餐巾顶层的下面加以固定。将餐巾尖角朝上摆放。另外，也可以将餐巾底部打开，使餐巾直立起来。

NO.79 丢手帕

这款令人愉快的叠法需要两块餐巾，最好使用薄至中等厚度的面料，两块餐巾一块选择纯色、一块选择带图案的效果最好。在此，我选择了纯色暗红色餐巾和黄色印花餐巾。在折叠前请先喷雾上浆并熨烫，折叠后轻轻压平使其看起来更平整，或保留随意的造型。画龙点睛之笔是将一张小卡片、一份小纪念品或一枝香草塞进每块餐巾中。

1 将纯色餐巾平铺成正方形，表面朝下，缝边朝上。将印花餐巾偏移放在上面，使纯色餐巾的左边及顶边露出 2.5 厘米。

2 将印花餐巾的右下角与左上角对折。在方巾上形成一个三角形。

3 将纯色餐巾的右下角折向两块餐巾的左上角，形成一个三层的三角形。

4 将餐巾翻转过来，平边置于底部。

5 左手按住底边的中心位置，右手将右角折向顶角，形成一条中心垂直线。

6 将左角折向顶角，形成一个菱形。

7 将餐巾翻转过来，顶角始终朝上。左手按住底角，右手将右角折至餐巾的中心垂直线位置。

8 右手按住底角，左手将左角折至餐巾的中心垂直线位置。

9 将底角在略低于餐巾高度一半处折向餐巾背面，形成一条平的底边。

10 将餐巾平边朝下摆放好。

NO.80 三层叠

这款叠法的名字源于成品餐巾有三层。为了最充分地展示它的特色，应选择两面颜色都鲜艳的面料，如我在此处使用的正面是绿色花朵图案、反面是纯红色的餐巾。在折叠前请先喷雾上浆并熨烫，折叠后轻轻压平使其看起来更平整，或保留随意的造型。

1 将餐巾平铺成正方形，表面朝下，缝边朝上。

2 将餐巾底边向上折至距顶边 1/3 处。

3 将餐巾顶层的顶边向下折至距底边 1/3 处。

4 将顶边向下折至刚刚覆盖住餐巾顶层的折边，形成一个由三条带子组成的水平长方形。

5 将餐巾翻转过来，底边和顶边位置不变。将餐巾的右边向左折，形成一条约5厘米宽的垂直的带子。

6 将带子再向左折。

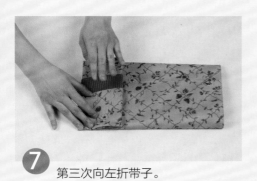

7 第三次向左折带子。

8 将餐巾的左边向右折，形成一条约
5 厘米宽的垂直的带子。

9 向右再折两次带子，直至左边与右
边重合（如左图所示）或与右边相
遇（如下图所示）。

NO.81 无尾晚礼服

　　这款叠法为每位客人提供两块餐巾，晚餐用黑色的，甜点用白色的（反之亦然）。这款双色配色方案的特色是有清晰的对角线条纹。黑与白的组合形式显得十分正式，但这款设计非常灵活，任何两种颜色搭配效果都很好，也可以使用纯色及与之协调的印花餐巾搭配。在折叠前请先喷雾上浆并熨烫，折叠后轻轻压平使其看起来更平整。

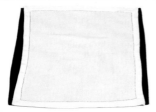

1 将第一块餐巾平铺成正方形，表面朝下，缝边朝上。将第二块方巾放在第一块的上面，表面朝下，缝边朝上。

2 将两块餐巾的底边一起与顶边对折，形成一个水平的长方形。

3 将右边折向左边，形成一个正方形。

4 将餐巾顶层的左上角向后折约2.5厘米。

5 将这个角再次向后折三次，直至餐巾顶层形成一条将正方形沿对角线一分为二的区域。

6 将餐巾顶层的左上角塞入它自己下面，留出约2.5厘米宽的带子，和第一条窄带平行。

⑦ 将餐巾下面三层的左上角向上折，将它们塞入顶层的带子下面，留出另一条 2.5 厘米宽的带子，与第一条及第二条带子平行。

⑧ 将餐巾翻转过来，顶边和底边保持位置不变。将右边向左折，形成一条 5 厘米宽的垂直的带子。

⑨ 将左边向右折，使之覆盖上一步的折边。

⑩ 将餐巾翻转过来。

NO.82 双头鱼

对我来说，这款设计有点像一条双头鱼，因此，由这个名字本身就能想到这是一个很抽象的造型，你几乎可以在任何的场合使用它。任何厚度、颜色或样式的面料都适用于这款叠法。在此，我选择了带有明黄色水果图案的白色餐巾。在折叠前请先喷雾上浆并熨烫，折叠后轻轻压平使其看起来更平整。

1 将餐巾平铺成正方形，表面朝下，缝边朝上。

2 将餐巾的左下角折向餐巾的中心位置。

3 将餐巾的右下角折向餐巾的中心位置。

4 将餐巾的右上角和左上角折向餐巾的中心位置，形成一个菱形。

5 拿住餐巾左上边和右下边的中间位置，小心地将餐巾拿起，将右上边折到左下边下面。

6 将餐巾摆放成水平的长方形，中间的三角形尖角朝上。

7 将餐巾的左边与右边对折，形成一个正方形。

8 将餐巾顶层的右下角向上折至左上角。

9 将餐巾顶层的左上角向自己下面折回两次，形成一条窄带。

10 将餐巾顶层的右下角向自己下面折回两次，形成一条窄带。

11 将餐巾翻转过来，平铺成菱形，且带有一条垂直的折痕。将餐巾的左角和右角向内折至在餐巾的中心位置相遇。

12 将餐巾翻转过来摆放在盘子上。

NO.83 维京

这款叠法得名于与其相似的一种角状的维京头盔。使用带有自然
生锈色调的棕色和奶油色的北欧风格图案面料,使我想到了这种关联。
任何厚度、颜色或样式的面料都适用于这款叠法。如果你打算使成品
折叠后能够直立起来,在折叠前请先喷雾上浆并熨烫。

① 将餐巾平铺成菱形,表面朝下,缝边朝上。

② 将餐巾的顶角与底角对折,形成一个三角形。

③ 将餐巾的右角折向底角。

④ 将餐巾的左角折向底角,形成一个菱形。

⑤ 将餐巾顶层的左下角向上折至顶角,在菱形上部的左半边形成一个小的三角形。

⑥ 将餐巾顶层的右下角向上折至顶角,在菱形上部的右半边形成一个小的三角形。

⑦ 将左上角的小三角形顶角向左下方折,形成一个角超出菱形左上边的小三角形。

8 将右上角的小三角形顶角向右下方折，形成一个角超出菱形右上边的小三角形。

9 将菱形的底角向上折，留出约5厘米的距离。

10 将餐巾翻转过来，顶角始终在上。

11 将约2.5厘米宽的底边折至餐巾的下方，形成一条带子。

12 将餐巾右角在餐巾宽度的1/3处向左折。

13 将餐巾左角向右折，并塞入顶层上一步的折痕下加以固定。

14 将餐巾翻转过来，平边朝下摆放。另外，也可以将底部打开，使餐巾直立起来。

NO.84 波浪

这款美观的叠法中可以放置餐具或卡片。如果你喜欢的话，可以将每一份餐具放在不同的波浪造型下。在此，我选择了蓝色餐巾，以产生水汪汪的感觉，但任何厚度、颜色或样式的面料都适用于这款叠法。在折叠前请先喷雾上浆并熨烫，折叠后轻轻压平使其看起来更平整。

1 将餐巾平铺成正方形，表面朝下，缝边朝上。

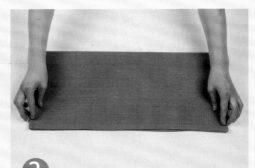

2 将餐巾的底边与顶边对折，形成一个水平的长方形。

3 左手拿起餐巾顶层的右上角，右手将右下角向内折至餐巾的中心垂直线位置。

4 右手拿起餐巾顶层的左上角，左手将左下角向内折至餐巾的中心垂直线位置，形成一个三角形。

5 将三角形的左角与右角对折，形成一个小的三角形。

6 右手牢牢地按住底角，用左手在右上方将四层尖角展开呈扇形。

7 将底角从餐巾下方折至左上角，与餐巾左边对齐。

8 将餐巾垂直摆放。如下图所示，为了把餐巾放在餐具上面，只需把末端向下扭成一束即可。

NO.85 鲸鱼的尾巴

你需要为每块完成折叠的餐巾准备水杯或酒杯。纯白色餐巾是为更加正式的聚会设计的；鲜明颜色的条纹餐巾，如我在此处为墨西哥主题聚会选用的黄色、绿色、棕黄色和红色的条纹餐巾，则使这款叠法显得充满趣味。使用上浆的薄面料或压平的中等厚度的面料。

1 将餐巾平铺成正方形，表面朝下，缝边朝上。

2 将餐巾的底边与顶边对折，形成一个水平的长方形。

3 将餐巾的右边与左边对折，形成一个正方形。

4 将餐巾的右上角向餐巾的中心位置折4厘米，形成一个小的三角形。

⑤ 将三角形折向餐巾下方再折回,呈手风琴状。

⑥ 继续折出两个手风琴褶皱,留出餐巾的左下角不要折。

⑦ 转动餐巾,将手风琴褶皱置于底部,在手风琴褶皱处拿起餐巾对折。

⑧ 将餐巾倒置放入玻璃杯中。

NO.86 宽领

这款多用途的叠法使用纯色或有图案的餐巾皆可，适用于正式或非正式的场合。在此，我选择了带有装饰花边的纯色餐巾，这样能很好地展示成品。使用薄至中等厚度的面料效果最好。在折叠前请先喷雾上浆并熨平，为了保持领带两边的平整，叠好后最好再熨平一次。如果你喜欢，可以在每个成品里面塞一朵花，放一张卡片或一个小礼品。

1 将餐巾平铺成正方形，表面朝下，缝边朝上。

2 将餐巾的右下角与左上角对折，形成一个三角形。

3 将餐巾的左下角向上折至左上角，与餐巾左边对齐。

4 将餐巾的右上角向左折至左上角，形成一个正方形。

5 将餐巾翻转过来，开口边置于右下方。

6 将餐巾的右下角与左上角对折，形成一个三角形。

7 将餐巾的左下角向右上角折至对角线长度的 2/3 处，与右下边对齐。

8 将餐巾的右上角折向左下边，并将其塞入上一步折叠的餐巾顶层的口袋中。

9 将顶角顶层的左半边向左折出，右半边向右折出。如有必要，将这些角压平以保持平整。

10 将餐巾尖角朝上摆放好。

NO.87 双翼

这款漂亮的直立餐巾叠法看上去随时准备起飞，两边各有一只保持平衡的翅膀。你可以做小些用作午餐餐巾，也可以做大些用作晚餐餐巾。任何厚度、颜色或样式的面料都适用于这款叠法。在此，我选择了带有流苏边的暗金色餐巾。在折叠前请先喷雾上浆并熨烫。

1 将餐巾平铺成菱形，表面朝下，缝边朝上。

2 将餐巾的底角与顶角对折，形成一个三角形。

3 将餐巾的左角向上折至顶角。

4 将餐巾的右角向上折至顶角，形成一个菱形。

5 将餐巾的底角折向顶角，留出5厘米的距离。

6 将餐巾顶层的顶角向下折至底边。

7 将餐巾翻转过来，平边置于底部。

8 将餐巾的左角向右折至餐巾宽度的 2/3 处，与底边对齐。

9 将餐巾的右角向左折，并将其塞入左侧的口袋中。

10 使餐巾直立，轻轻挤压边缘形成一个圆形的底座。将左边的尖角向下拉。

11 将右边的尖角向下拉。

高级
餐巾叠法

4

NO.88 夏威夷衬衫

为了使这款叠法休闲的外观更有趣味，可以选择带有热带感觉的面料，如我在此处使用的是带有橙色印花的暗黄色餐巾。任何厚度、颜色或样式的面料都适用于这款叠法，只需按场合搭配即可。在折叠前请先喷雾上浆并熨烫，为了帮助餐巾保持它们的形状（尤其是较小或较厚的餐巾），折叠后要再次轻轻压平使其看起来更平整。

1 将餐巾平铺成正方形，表面朝下，缝边朝上。

2 将餐巾的左边折至餐巾的中心垂直线位置。

3 将餐巾的右边折至餐巾的中心垂直线位置。

4 将餐巾的底边向餐巾背面折入约2.5厘米。

5 将餐巾的左下角向内折至餐巾的中心垂直线位置，在左边形成一个窄的三角形，代表衬衣衣领的一半。

6 将餐巾的右下角向内折至餐巾的中心垂直线位置，在右边形成一个窄的三角形，代表衬衣衣领的另一半。

⑦ 右手牢牢按住餐巾的中心位置，左手拿起餐巾顶层的左上边，将开口的角向左折，在左侧形成一个窄的三角形。

⑧ 左手牢牢按住餐巾的中心位置，右手拿起餐巾顶层的右上边，将开口的角向右折，在右边形成一个窄的三角形。

⑨ 将餐巾的顶边向下折向衣领处，将边缘塞入衣领两个尖角的下方。

NO.89 竹子

这款甜美的迷你叠法适用于较小的盘子，可以将它直立在沙拉或甜点的小盘子里。使用较厚厚度的面料，因为薄的面料不能体现你所需要的这款造型的形状。任何颜色和样式的面料都适用于这款叠法。在此，我选择了带有浅蓝色素描图案的黄色餐巾。在折叠前请先喷雾上浆并熨烫。

① 将餐巾平铺成正方形，表面朝下，缝边朝上。

② 将餐巾的底边向上折至餐巾高度的2/3处。

③ 将餐巾的顶边向下折至底边，形成一个水平的长方形。

④ 右手按住底边的中间部分，左手将底边的左半部分向上折至餐巾的中心垂直线位置。

⑤ 将底边的右半部分向上折至餐巾的中心垂直线位置，形成一个上方带有两条尾部的三角形。

⑥ 将尾部左侧顶边向下折，与下一层的折痕顶边对齐。

7 将尾部右侧顶边向下折，与下一层的折痕顶边对齐。

8 旋转餐巾，使尖角朝右。将下半部分与上半部分对折。

9 将餐巾顶层的顶边掀起。

10 将餐巾顶层的顶边塞入自己下方。

11 将餐巾底层的顶边塞入自己上方。

12 使餐巾直立在平坦的底座上，拿住所有的折层。

13 将较高的一边置于后方摆放好，显露出里面的层次。

NO.90 天堂鸟

　　这款引人注目的叠法很值得努力学习。为了和这款叠法的名字相匹配，使其带有热带花朵明亮的色调，你选择的餐巾至少要有橙色色调，如我在此处使用的是橙色、棕色、粉色和金色波浪条纹餐巾。由于这款叠法褶皱比较多，因此轻薄的面料比又厚又硬的面料效果更好。在折叠前请先熨烫，但无需喷雾上浆。最终展示时，你可以让餐巾直立或平放在每个盘子里，任何一种方式看起来都很棒。

1 将餐巾平铺成正方形，表面朝下，缝边朝上。

2 将餐巾的底边与顶边对折，形成一个水平的长方形。

3 将餐巾的右边与左边对折，形成一个正方形。

4 旋转餐巾，将其平铺成菱形，折边置于左下方，开口处置于顶部。将顶角与底角对折，形成一个三角形。

5 右手按住底角，左手将左角向上折
至餐巾的中心垂直线位置。

6 左手按住底角，右手将右角向上折
至餐巾的中心垂直线位置，形成一
个风筝的形状。

7 将风筝的顶角折到餐巾下面，形成
一个三角形。

8 90° 旋转餐巾，形成一个尖角朝左
的箭形。将顶角和底角在餐巾的下
方捏在一起，将餐巾支撑起来。

9 右手将顶角和底角松散地握住，
左手从尖角中轻轻地一次拉出
一层，用顶部的四层创造出花
瓣的效果。

NO.91 蛤壳

这款叠法保持形状的关键是使用经大量喷雾上浆且熨平的厚重面料。在此，我选择了纯色的暗蓝色餐巾。只要布料够硬，任何颜色和样式的面料都适用于这款叠法。这款叠法给人的第一印象非常深刻。为了让每个盘子上都绽开着美丽的蛤壳，来努力学习这款叠法吧！

① 将餐巾平铺成正方形，表面朝下，缝边朝上。

② 将餐巾底边向上折至餐巾的中心水平线位置。

③ 将餐巾顶边向下折至餐巾的中心水平线位置。

④ 将餐巾的底边与顶边对折，形成一个细长的长方形。

⑤ 将餐巾的左边与右边对折。

⑥ 左手按住左边，右手将餐巾顶层的右边折回左边，留出约 2.5 厘米左右的距离。

⑦ 将餐巾的左边折回右边，与左边的折边对齐。

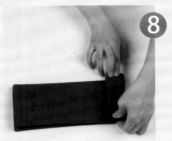
⑧ 继续手风琴式折叠餐巾顶层，直至末端。

⑨ 将餐巾翻转过来，手风琴式折叠的部分置于右侧。将餐巾左边向右折，与左边的折边对齐。

⑩ 继续手风琴式折叠餐巾顶层直至末端。

⑪ 将餐巾直立起来，有更多层次的一边朝上。

⑫ 将餐巾的边缘呈扇形展开，将折在一起的两层两两拉开，从上方看呈菱形。

⑬ 将餐巾的底部放在桌子上，并让它的边呈扇形展开。

NO.92 荷兰宝贝

这款小可爱用白色餐巾折好后显得特别高雅（如第213页下方所示），但任何颜色和样式的面料都适用于这款叠法。在此，我选择了纯色的蓝色餐巾。由于这款叠法褶皱比较多，因此使用薄至中等厚度的面料效果最好。在折叠前请先喷雾上浆并熨烫。

1 将餐巾平铺成正方形，表面朝下，缝边朝上。

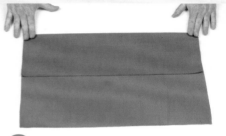

2 将餐巾的底边向上折至餐巾高度的2/3处。

3 将餐巾的顶边向下折至底边，形成一个水平的长方形。

4 将餐巾的右边折至餐巾的中心垂直线位置。

5 将餐巾的左边折至餐巾的中心垂直线位置。

6 将餐巾的底边右半部分向上折至餐巾的中心垂直线位置。

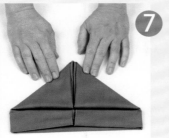

7 将餐巾的底边左半部分向上折至餐巾的中心垂直线位置，形成一个尖角朝下的箭形。

8 将餐巾翻转过来，底角始终朝下。

9 将箭形的右边折向左下方，使箭形的右上边形成一条横跨餐巾下部2/3处的水平线。

10 将箭形的左边折向右下方，覆盖上一步折出的部分，使箭形的左上边形成一条横跨餐巾下部2/3处的水平线。然后将角塞入上一步折出的餐巾顶层内加以固定。

11 将餐巾翻转过来，较宽的一端朝下摆放。尖角向后折入餐巾内部，然后从餐巾内部打开，形成一个圆圆的底座。

12 底座在下摆放餐巾，整理造型。

NO.93 精灵靴

这款新颖的设计如果使用红色或绿色的餐巾制作，用于圣诞节的餐桌是非常完美的，其他场合使用任何颜色和样式皆可。如果希望成品的稳定性强些，可以使用中等厚度的面料，但不要太厚，否则多次的折叠会使餐巾变得僵硬。在折叠前请先稍微上浆并熨烫。将成品放在每个盘子上面，或许可以和圣诞节装饰品放在一起。精灵靴还可以当作小精灵拖鞋，在"仲夏夜之梦"主题的聚会上使用。

1 将餐巾平铺成正方形，表面朝下，缝边朝上。

2 将餐巾的顶边与底边对折，形成一个长方形。

3 将餐巾的顶边与底边再次对折，形成一个细长的长方形。

4 用左手按住顶边的中心位置，右手将顶边的右半部分向下折至餐巾的中心垂直线位置。

5 将顶边的左半部分向下折至餐巾的中心垂直线位置。

6 将餐巾的右上边向下折至餐巾的中心垂直线位置。

⑦ 将餐巾的左上边向下折至餐巾的中心垂直线位置。

⑧ 将餐巾的左半部分与右半部分对折。

⑨ 将餐巾翻转过来，顶角始终朝上。

⑩ 将餐巾顶层的底边向右上方折至与餐巾垂直。

⑪ 将餐巾右下角折至左边，形成一个小三角形。

⑫ 将餐巾的底角向上折，塞入上方三角形下加以固定。

⑬ 结果将形成一只靴子的形状。

⑭ 让靴子以其底部直立起来，脚尖的方向远离你。

⑮ 将拇指插入餐巾顶层内，向靴子下方折叠。将成品靴摆放在需要的位置。

NO.94 蜂鸟

这款具有挑战性但很有趣的叠法可使用任何类型的餐巾，面料的厚度及图案都没关系。在此，我选择了纯色的深绿色餐巾；另一个蜂鸟折叠的示例如第 217 页下方所示，在那个示例中，我使用了丝滑的灰色透明硬纱餐巾。在折叠前请先喷雾上浆并熨烫，为了保持形状挺括，折叠后要再次熨烫。

1 将餐巾平铺成菱形，表面朝下，缝边朝上。

2 将餐巾的右角折向餐巾下部的中间，直至其左边与餐巾的中心垂直线位置重合。

3 将餐巾的左角折向餐巾下部的中间，直至其右边与餐巾的中心垂直线位置重合，形成一个风筝的形状。

4 将底角向上折，形成一个底部有较小三角形的大三角形。

5 将底边向上折，直至正好覆盖住较小三角形的顶点。

6 将餐巾的右边与左边对折。

7 将餐巾顶层左下角向上折出一个小三角形，与左上边对齐。

8 将餐巾翻转过来。将右下角向上折出一个小三角形，与上边对齐，形成尾巴的形状。轻轻地压平。

9 将最长的角向外折至餐巾长度的一半，使尖角向与尾巴相反的方向伸展。

10 轻轻地拿起这个尖角长度的1/3，稍微打开，使其变成一个扁平的三角形。

11 将这个角折回折边内约5厘米，向后伸展出约2.5厘米的距离。将这个角折拢，形成蜂鸟的头部。

12 将餐巾翻转过来，轻轻地将尾巴的尖角展开。

NO.95 月神蛾

　　这款叠法可用于花园晚会或任何一个你需要展翅欲飞造型的场合。任何颜色和样式的面料都适用于这款叠法，但为了保持形状，一定要使用中等厚度的面料，在折叠前请先大量喷雾上浆并熨烫。在此，我选择了金色和棕色花朵图案的餐巾，使成品看起来像一只蝴蝶。折叠后压平翅膀的末端。

1 将餐巾平铺成正方形，表面朝下，缝边朝上。

2 将餐巾的底边与顶边对折，形成一个水平的长方形。

3 将餐巾的右边折至顶边。

4 将餐巾的左边折至顶边，形成一个三角形。

5 将餐巾翻转过来，底角始终朝下。左手按住底角，右手将右下边折向餐巾的中心垂直线位置，使这个角位于餐巾的右上方。

6 右手按住底角，左手将左下边折向餐巾的中心垂直线位置，使这个角位于餐巾的左上方，形成一个风筝的形状。

7 从风筝右半边的下面将底层的右角向右拉出。

8 从风筝左半边的下面将底层的左角向左拉出，形成一个菱形。

9 将餐巾翻转过来，顶角和底角位置不变。

10 将底角向上折至菱形的中心，然后再次向上折叠底边，形成一个三角形。

11 从左半部分和右半部分之间底部的中心轻轻拉出带子，稍微分开形成翅膀。

12 轻轻地分开顶角，在底边将左边和右边并在一起推出中心，完成月神蛾。

NO.96 兰花 2

　　这款是受花的启发而做成的叠法，需要使用水杯或酒杯放置。任何厚度、颜色或样式的面料都适用于这款叠法，但白色的或丝质的纯色面料使之显得更加高雅。在此，我选择了深棕红色调的餐巾。这款叠法比兰花 1 的设计（第 162 页）更加柔和，且可见的线条更少，从而使其更加柔滑。在折叠前请先稍微喷雾上浆并熨烫。为每块餐巾准备一个玻璃杯。

1 将餐巾平铺成菱形，表面朝下，缝边朝上。

2 将餐巾的底角与顶角对折，形成一个三角形。

3 将餐巾的右角折向顶角。

4 将餐巾的左角折向顶角，形成一个菱形。

5 将右下边向餐巾背面折至餐巾的中心垂直线位置。

6 将左下边向餐巾背面折至餐巾的中心垂直线位置。

7 将餐巾底角向上折至比顶角稍低处。

8 将餐巾左右两边向后弯曲,直至能将餐巾折叠的底端放入玻璃杯中。

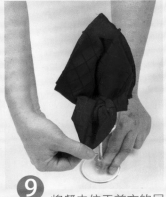

9 将餐巾位于前方的层次向前弯曲,形成一片花瓣。

10 将餐巾第二层两边的角向两侧弯曲,将其与剩下的最高角整理成花瓣的形状。

NO.97 小兔

　　这款为聚会设计的可爱小兔子看起来就像要跳到你的桌子上。无论是大人还是小孩都会很喜欢它有趣的形状，而且他们会很不情愿折开来使用它。在此，我选择了带有欢快樱桃印花的餐巾，如为春季聚会准备的话，任何柔和的纯色都会很可爱。这款叠法使用大尺寸的薄餐巾效果最好，因为很快会有很多褶皱堆在一起。

① 将餐巾平铺成正方形，表面朝下，缝边朝上。

② 将餐巾的顶边与底边对折。

③ 将餐巾的顶边与底边再次对折，形成一个水平细长的长方形。

④ 左手按住顶边的中间，右手将顶边的右半部分向下折至餐巾的中心垂直线位置。

⑤ 将顶边的左半部分向下折至餐巾的中心垂直线位置。

⑥ 将餐巾的右下角向上折至餐巾的中心位置。

7 将餐巾的左下角向上折至餐巾的中心位置，形成一个菱形。

8 将餐巾的右下边折至餐巾的中心垂直线位置。

9 将餐巾的左下边折至餐巾的中心垂直线位置，形成一个风筝的形状。

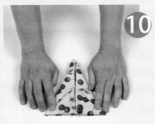

10 将餐巾翻转过来，顶角始终朝上。将顶角向下折，形成一个三角形。

11 将餐巾再次翻转过来，平边始终朝上。

12 将右角向左折至餐巾宽度的2/3处。

13 将左角向右折，并塞入上一步折出的餐巾顶层下。

14 将餐巾翻转过来，打开两个顶角，形成耳朵。

15 将小兔子直立摆放在需要的位置。

NO.98 天鹅

这款叠法使用硬而薄的面料最好，所以在折叠前请先大量喷雾上浆并熨烫。选用纯色，这样折叠的层次不会因图案繁多而模糊不清。在此，我选择了浅绿色餐巾，白色餐巾也会非常漂亮。这种引人注目的经典叠法现在只有在游船或在老式餐馆才能见得到，如果你真的想给人留下深刻的印象，拿出这款折叠设计是很不错的。

1 将餐巾平铺成正方形，表面朝下，缝边朝上。

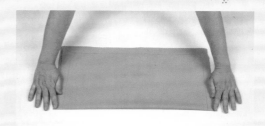

2 将餐巾的顶边与底边对折。

3 将餐巾的右边与左边对折，形成一个正方形。

4 将餐巾平铺成菱形，开口边位于顶部。左手按住底角，右手将右下边折至餐巾的中心垂直线位置。

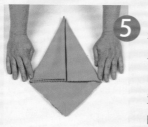

5 右手按住底角，左手将左下边折至餐巾的中心垂直线位置，形成一个风筝的形状。

6 将餐巾翻转过来，顶角始终朝上。左手按住底角，右手将右下边折至餐巾的中心垂直线位置。

⑦ 右手按住底角，左手将左下边折至餐巾的中心垂直线位置。

⑧ 将底角向上折至顶角。

⑨ 将餐巾的左右两边在餐巾下方折到一起。

⑩ 使餐巾直立在底座上。

⑪ 将餐巾狭长的角向下折，形成天鹅的头部。

⑫ 将餐巾较宽的角一次一层地拉开，直至四层全部展开，形成天鹅的尾羽。

⑬ 将天鹅摆放在每个盘子上，由尾羽支撑。

NO.99 热带

这款叠法需要两块餐巾，最好使用两块形成对比的餐巾。为了达到引人注目的效果，可选择一块纯色的和一块带有图案的餐巾。为了营造所需要的热带感，我选择了一块纯色的洋红色餐巾和一块印花金色餐巾。为使餐巾直立时能够保持形状，在折叠前请先大量喷雾上浆并熨烫。这款叠法的成品要放在玻璃杯中，所以在开始折叠前，要准备一个酒杯。

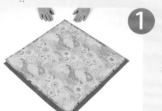

1 将纯色餐巾平铺成菱形，表面朝下，缝边朝上。将印花餐巾放在上面，表面朝下，缝边朝上，位置稍低于纯色餐巾，使纯色餐巾在菱形的顶部露出来一点。

2 将印花菱形的底角与顶角对折，在纯色菱形上面形成一个印花的三角形。

3 将纯色菱形的底角折至印花三角形顶角的下方，形成一个露出印花餐巾三个角的三角形。

4 左手按住底边的中心位置，右手将右角向上折至顶角。

5 将左角向上折至顶角，形成一个菱形。

6 将右边三角形的左边向下折至右下边并对齐，形成一个向菱形右侧伸展的角。

⑦ 将左边三角形的右边向下折至左下边并对齐，形成一个向菱形左侧伸展的角。

⑧ 将餐巾翻转过来，顶角始终朝上。

⑨ 将餐巾的右半部分与左半部分对折，形成一个箭形。

⑩ 将箭形左边顶部两层餐巾折向右边，只露出纯色餐巾并保持箭形。

⑪ 将餐巾翻转过来，箭头朝下摆放。

⑫ 将箭形的右半部分与左半部分对折。

⑬ 将占餐巾长度1/3的底角塞入对折的餐巾中。

⑭ 将折叠的餐巾底部放入酒杯中。

⑮ 轻轻地将餐巾折叠的三个角分开并整理好。

227

NO.100 编织

任何时候，只要你想炫耀自己高超的餐巾折叠技术，就用这款复杂的叠法吧。纯色餐巾能最好地凸显这款层次交织的叠法。在折叠前请先喷雾上浆并熨烫，折叠后轻轻压平展现鲜明的线条。

1 将餐巾平铺成正方形，表面朝下，缝边朝上。将餐巾的底边向上折约 2.5 厘米，形成一条窄带。

2 捏住窄带的边缘并将其拿起，在第一条窄带上方形成另一条高度相同的窄带。

3 捏住两条窄带的边缘并将其拿起，在餐巾上方将窄带再次定位于更高的位置，形成第三条高度相同的窄带。

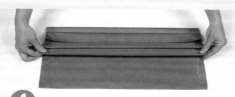

4 捏住三条窄带的边缘并将其拿起，在餐巾上方将窄带再次定位于更高的位置，形成第四条高度相同的窄带。

5 捏住四条窄带的边缘并将其拿起，将顶边折至窄带下方。

6 将开口边塞入餐巾下，留出足够的空间形成第五条窄带。

7 压平窄带。

8 将餐巾翻转过来，顶边和底边位置不变。

9 左手压住底边中间5厘米处，右手将餐巾右边折向左上方。

10 将餐巾左边折向右上方，和右边部分重叠。

11 拿起左边所有层，使右边最内层餐巾处于左边最内层上方。

12 继续交织剩余的三层内层餐巾的层次。

13 压平折叠后的餐巾。

14 将餐巾翻转过来，平边始终在下。将右下边缘向内折约2.5厘米，形成一条窄带。

15 将左下边缘向内折约2.5厘米，形成一条窄带。将餐巾再次翻转过来，较窄的一端置于顶部摆放。

趣味日志

日　期	菜　单	客　人
餐桌设计主题		
使用的餐巾叠法		
笔　记		

日　期	菜　单	客　人
餐桌设计主题		
使用的餐巾叠法		
笔　记		

日　期	菜　单	客　人
餐桌设计主题		
使用的餐巾叠法		
笔　记		